D1934502

FEUERWEHR

Die spektakulärsten Einsatzfahrzeuge

HRSG. JÖRG HAJT

FEUERWEHR

Die spektakulärsten Einsatzfahrzeuge

HEEL

30 + 2
Magirus

Feuerwehrtechnik „Made in Germany" zählt seit mehr als einhundert Jahren zu den wichtigsten Exportschlagern der heimischen Nutzfahrzeugindustrie. Auch in der benachbarten Schweiz gehören die Einsatzfahrzeuge aus deutscher Fertigung seitdem zum gewohnten Bild. Die Abbildung zeigt die 1951 von der Feuerwehr St. Gallen auf einem Saurer-Chassis in Dienst gestellte Magirus-Automobildrehleiter DL 30, die seit ihrem Ausscheiden 1984 vom Löschzug Tigerberg museal erhalten wird.

Impressum

HEEL Verlag GmbH
Gut Pottscheidt
53639 Königswinter
Telefon 02223 9230-0
Telefax 02223 923013
info@heel-verlag.de
www.heel-verlag.de

© 2015 HEEL Verlag GmbH, Königswinter

Herausgeber: Jörg Hajt
Redaktionelle Mitarbeit: Jürgen Schlegelmilch

Lektorat:
Jürgen Schlegelmilch

Lithografie, Satz und Gestaltung:
Bettina Scholten, Bonn

Alle Rechte, auch die des Nachdrucks, der Wiedergabe in jeder Form und der Übersetzung in andere Sprachen, behält sich der Herausgeber vor. Es ist ohne schriftliche Genehmigung des Verlages nicht erlaubt, das Buch und Teile daraus auf fotomechanischem Weg zu vervielfältigen oder unter Verwendung elektronischer bzw. mechanischer Systeme zu speichern, systematisch auszuwerten oder zu verbreiten. Ebenso untersagt ist die Erfassung und Nutzung auf Netzwerken, inklusive Internet, oder die Verbreitung des Werkes auf Portalen wie Googlebooks. Alle Angaben ohne Gewähr, Irrtümer vorbehalten.

Printed in Romania

ISBN 978-3-95843-030-3

Inhalt

Metz
FEUERWEHR

Vorwort

Alltäglich und spektakulär zugleich, das ist die Welt der Feuerwehr. Umso mehr gilt dies für die eingesetzten Fahrzeuge, die sich im Laufe der Zeit zu regelrechten Hightech-Maschinen entwickelt haben. Selbststabilisierende Drehleitern, vollelektronisch gesteuerte Feuerlöschpumpen und eine Vielzahl an Assistenzsystemen stehen heute im krassen Gegensatz zum Feuerwehralltag vergangener Tage, als die Bedienung der Fahrzeuge noch Schwerstarbeit und ihre Herkunft auch für den Feuerwehrlaien auf den ersten Blick zu identifizieren war. Doch genau dieser Mix aus modernster Technik und faszinierender Nostalgie macht die Begeisterung für die inzwischen nicht mehr zwangsläufig rot lackierten Einsatzfahrzeuge aus.

Das vorliegende Buch gibt einen Einblick in die geschichtliche Entwicklung des Feuerlöschwesens und seiner Fahrzeuge, beleuchtet ihre Technik und gewährt Einsicht in die Firmengeschichte der wichtigsten Aufbauhersteller.

Der Dank des Herausgebers gilt an dieser Stelle allen Institutionen, Fahrzeugherstellern und Feuerwehrfreunden, die durch die Überlassung von Texten, Bildern und Informationsmaterial zur Entstehung des Buches beigetragen haben. Ein besonderer Dank auch an die Feuerwehren für die freundliche Bereitstellung ihrer Fahrzeuge.

Wattenscheid, im März 2015
Jörg Hajt (Herausgeber)

Kapitel 1

Die Anfänge der Feuerwehr in Deutschland

Die zunächst für Hand- oder Pferdetraktion ausgelegten Dampfdruckspritzen revolutionierten den Feuerwehralltag wie kaum eine andere Entwicklung zuvor. Bei dem hier vorgestellten Exponat handelt es sich um eine 1902 von Beduvee gebaute Stehkessel-Dampfspritze mit einer Förderleistung von beachtlichen 2000 l/min – allerdings mit 15 Minuten Vorheizzeit!

Seit wann es in Deutschland ein organisiertes Feuerlöschwesen gibt, lässt sich heute nicht mehr mit Bestimmtheit sagen. Zwar sind bereits aus dem 13. Jahrhundert gesetzliche Verordnungen zur gemeinschaftlichen Bekämpfung von Schadenfeuern bekannt, doch handelt es sich hierbei weniger um die Gründung von Feuerwehren im heutigen Sinn, als vielmehr um die Verpflichtung des einzelnen Untertanen oder Zunftangehörigen, sich im Fall eines Brandes an den Löscharbeiten zu beteiligen. Hinzu kommt, dass vergleichbare Feuerlöschverordnungen bereits aus dem römischen Kaiserreich überliefert sind und man davon ausgehen kann, dass sie auch im besetzten germanischen Raum zur Anwendung kamen.

Mit der Ausdehnung der Städte rückt im späten Mittelalter allerdings erstmals der präventive Brandschutz in den Mittelpunkt: So muss jeder Haushalt einen Eimer Wasser für den Notfall bereithalten und das hauseigene Feuer über Nacht stilllegen. Beides wird am Abend durch den Nachtwächter kontrolliert und bei Verstößen mit drastischen Strafen belegt. Darüber hinaus richtet

In der automobilen Pionierzeit trugen die Feuerwehrfahrzeuge höchst unterschiedliche Lackierungen. Allerdings setzte sich bei einigen Herstellern schon sehr früh die Farbe Rot aufgrund ihrer großen Signalwirkung durch. Die Abbildung zeigt die grundsätzlich in Rot ausgelieferte Daimler 6 PS Motorspritze aus dem Jahr 1892.

Die Idee Gottlieb Daimlers, seinen Motor möglichst universell einzusetzen, mündete in die Entwicklung dieser ersten motorbetriebenen Daimler 1 PS Feuerspritze. Am 29. Juli 1888 erhielt er dafür das Patent, das die Löscharbeiten fortan wesentlich vereinfachte. Die 180-l/min-Kolbenpumpe stammte vom Stuttgarter Feuerwehrausrüster Heinrich Kurtz.

man in den Glockentürmen vieler Stadtkirchen die ersten permanent besetzten Feuerwachen in Form von sogenannten „Türmerstuben" ein: Bemerkt der dort wachhabende Türmer im Stadtgebiet ein Feuer, gibt er mit einer Glocke oder einem Signalhorn Alarm und zeigt durch Fahnenschwenken oder Zuruf die Himmelsrichtung des Brandherdes an.

Dennoch bleibt ein Brandereignis nicht nur in den eng bebauten Städten eine kaum abwendbare Katastrophe, der nicht selten ganze Straßenzüge und Wohnviertel zum Opfer fallen. Auch auf dem Land erschweren die schlechte Verfügbarkeit von Wasserentnahmestellen und die völlig unzureichende technische Ausstattung, die zumeist aus nicht mehr als einigen Eimern und Leitern besteht, die erfolgreiche Bekämpfung der Flammen. Folglich konzentriert sich die Arbeit der „Pflichtfeuerwehren" weniger auf das Löschen des Brandes, als vielmehr auf den gezielten Abriss des Brandobjektes und die Schaffung von Brandschneisen, wofür aus dem Wehrstock der Landsknechte der noch heute gebräuchliche Feuerhaken entwickelt wird.

Der sogenannte „Benz-Feuerlöschzug" war 1912 das erste im Werk Gaggenau gebaute Benz-Feuerwehrfahrzeug nach Übernahme der dortigen Süddeutsche Automobil-Fabrik Gaggenau GmbH (SAG).

Gegen Ende des 14. Jahrhunderts halten die ersten handbetriebenen Feuerspritzen Einzug, mit denen die Brandbekämpfung erstmals technisiert wird. Da ein brauchbarer Schlauch allerdings erst vier Jahrhunderte später verfügbar ist, müssen diese noch mit Eimern gespeist werden, weshalb man der Bevorratung von Wasser nun größere Aufmerksamkeit schenkt. Um für den Ernstfall jederzeit gerüstet zu sein, werden jetzt Schöpfstellen verstärkt mit Pumpwerken ausgestattet. Wo das technisch nicht möglich ist, werden in unmittelbarer Nähe zum Ortskern Löschteiche angelegt, wie sie noch heute in vielen ländlichen Ortslagen zu finden sind.

Durch die Erhebung von Brandsteuern und die Gründung von Brandschutzversicherungen, die sich vielfach auch an der Finanzierung der feuerwehrtechnischen Ausrüstung beteiligen, können sich auch kleinere Gemeinden den „Luxus" einer eigenen Feuerwehr leisten. Die erste urkundlich verbriefte Feuerversicherung ist 1591 der sogenannte „Feuer-Kontrakt" in Hamburg ansässiger Brauereien, aus der 1676 mit der „Hamburger Feuerkasse" die älteste Versicherungsgesellschaft der Welt hervorgeht. Auf Anregung des preußischen Soldatenkönigs Friedrich Wilhelm I wird das Solidarprinzip 1718 mit Gründung der „Feuersozietät" auch im Berliner Raum eingeführt und ab 1765 als Pflichtversicherung auf ganz Preußen ausgeweitet. Damit wird den Bürgern die Angst vor einem wirtschaftlichen Ruin als Folge eines Brandereignisses weitgehend genommen.

Was in Deutschland allerdings weiterhin gänzlich fehlt, ist ein professionell strukturiertes Feuerwehrwesen. Eine Vorreiterrolle in Europa nimmt hier die Stadt Wien ein, die bereits 1685 mit der Indienststellung von vier hauptamtlichen „Feuerknechten" den Grundstein für eine Professionalisierung des Feuerlöschwesens gelegt hat. 1716 ruft auch Paris eine bezahlte Feuerwehr ins Leben, die vom ersten französischen Hersteller von Feuerspritzen, dem Dumourier Dupperier, persönlich aufgestellt und befehligt wird. Im Jahr 1747 wird die Pariser Feuerwehr, obwohl nur aus Zivilisten bestehend, dem Militär angeglie-

Zu Beginn des 20. Jahrhunderts experimentierten zahlreiche Hersteller mit Elektroantrieben, denen sie vielfach eine bessere Zukunftschance attestierten als den letztlich siegreichen Verbrennungsmotoren. Die Aufnahme zeigt einen Mercedes Elektrik Krankenwagen der Berufsfeuerwehr Hamburg.

Hightech an der Schwelle zum Ersten Weltkrieg: Benz Gaggenau-Motorspritze und Benz-Gaggenau-Metz-Drehleiter um 1912 mit dem zwei Jahre zuvor übernommenen ehemaligen SAG-Werk im Hintergrund.

dert und dem Rang eines militärischen Corps gleichgestellt. 1811 erfolgt unter Kaiser Napoleon I eine Neustrukturierung. Mit Dekret vom 18. September 1811 verfügt er die Freiwilligkeit bei der Rekrutierung der Mannschaft, eine militärisch straffe Organisation und eine Bewaffnung der Einsatzkräfte. Auslöser für die Umorganisation ist die schwere Brandkatastrophe vom 1. Juli 1810 beim Ball des österreichischen Gesandten in Paris, Fürst von Schwarzenberg, bei der die Fürstin von Schwarzenberg in den Flammen ums Leben gekommen und der russische Botschafter schwer verletzt worden ist.

Als „Compagnie des Sapeurs-Pompiers" wird die Pariser Feuerwehr fortan der Kaisergarde direkt unterstellt und ihre Mitglieder während der Dienstzeit kaserniert untergebracht.

Die Wache Schillerpark war 1910 die erste Feuerwache in Berlin, die ausschließlich Automobile für die Brandbekämpfung einsetzte. Dabei handelte es sich um Elektrofahrzeuge mit Radnabenmotor System Lohner-Porsche, die seit 1906 von Daimler angeboten wurden. Obwohl sich die von Branddirektor Reichel beschafften Fahrzeuge bewährten, mussten sie bereits nach Ende des Ersten Weltkriegs wegen fehlender Ersatzteile ausgemustert werden.

Damit schafft der französische Kaiser zugleich die Basis für eine zwar militärisch gedrillte, aber dennoch zum Teil ehrenamtlich arbeitende Feuerwehr. Obwohl das Dekret auf Paris beschränkt ist, greifen die Präfekturen in ganz Frankreich das Beispiel auf und ermöglichen damit auch weniger finanzstarken Gemeinden den Aufbau einer eigenen Freiwilligen Feuerwehr. Hierunter fällt auch im Jahr 1811 die Gründung der „Compagnie des Pompiers" der französischen Festungsstadt Saarlouis im heutigen Saarland, die heute als älteste Freiwillige Feuerwehr Deutschlands gilt, obwohl die Stadt erst 1815 unter preußische Herrschaft kommt.

Doch auch in Deutschland selbst ist man nicht untätig: So verpflichtet beispielsweise der Erzbischof von Köln, dem bis 1803 weite Teile des heutigen Bundeslandes Nordrhein-Westfalen kirchlich und weltlich unterstehen, bereits 1787 alle Kirchspiele (Pfarrbezirke) zur Bildung einer mindestens zwölf

Benz Feuerwehr-Motorspritze aus dem Jahr 1912: Das von Benz auf einem Gaggenau-Fahrgestell aufgebaute Löschfahrzeug wurde planmäßig mit 11 Einsatzkräften besetzt.

Die „Type Grunewald“ war die erste benzin-automobile Feuerspritze in Deutschland. Am 1. Dezember 1906 stellte die Freiwillige Feuerwehr des Berliner Nobelviertels die innovative Gasspritze in Dienst. Der Aufbau stammte von der Lausitzer Maschinenfabrik Busch-Bautzen; das Fahrgestell lieferte SAG aus Gaggenau zu.

Freiwillige starken Löschgruppe. Für eine effektive Brandbekämpfung müssen alle Mitglieder regelmäßige Brandlöschübungen abhalten, die von Kirchenbeamten genauestens überwacht werden.

Nach der Säkularisation gewinnt der Einfluss der Turnerschaft auf das Feuerlöschwesen sehr stark an Bedeutung. Im Juni 1811 eröffnet der preußische Hilfslehrer Friedrich Ludwig Jahn in Berlin den ersten Turnplatz und hebt damit die Turnbewegung aus der Taufe. Neben der körperlichen Ertüchtigung verfolgt Jahn damit auch politische Ziele, indem er die Turngemeinschaft für alle Stände öffnet und demokratisch organisiert. Jahn gilt als glühender Anhänger eines gesamtdeutschen Reiches und tritt öffentlich für die Gründung eines Volksheeres ein, das sowohl in der Lage sein soll, Deutschland vom Diktat Napoleons zu befreien, als auch für den Erhalt der inneren Sicherheit sorgen zu können. In den Befreiungskriegen schließt sich Jahn mit seinen Gefolgsleuten dem „Lützowschen Freikorps“ an, dessen militärischer Anteil an der Niederwerfung Napoleons zwar von marginaler Bedeutung ist, als „Macht aus den Volk“ jedoch eine große Symbolkraft besitzt. Folglich wird die Turnerschaft vom Adel mit großem Argwohn betrachtet, da man befürchtet, dass sie zum Motor eines gesellschaftlichen Umsturzes werden könnte. Die Turnerriege wird fortan von militärischen und politischen Ämtern ferngehalten, was schließlich darin mündet, dass sich die um das Gemeinwohl bemühten Turner verstärkt sozialen Aufgaben zuwenden, zu denen unter anderem auch das Feuerlöschwesen zählt. „Steigerabteilungen“, die sich mit der Technik des Leitersteigens befassen sowie „Spritzentrupps“, die den Löschangriff mit der Feuerlöschspritze perfektionieren, sind schon bald Bestandteil der meisten Turngemeinschaften. Da die Sportler körperlich ungleich leistungsfähiger als die „zivilen“ Löschkräfte sind, liegt es nahe, dass sich die Gemeinden gezielt um die Turnvereine als Brandbekämpfer bemühen. Vielerorts kommt es somit zur Verschmelzung von Turnverein und genossenschaftlicher Löschgruppe zu sogenannten „Freiwilligen Lösch- und Rettungs-Corps“ oder auch „Pompier-Corps“, die wiederum zur Keimzelle der späteren Freiwilligen Feuerwehren werden.

Die Organisationsstrukturen der Lösch- und Rettungs-Corps werden der des Militärs angeglichen, wobei heute unklar ist, ob man damit den Volksheeresgedanken Jahns weiterverfolgen oder nur die bewährten Prinzipien der französischen Feuerwehren fortführen wollte. 1835 gründen Turner aus Kierspe-Neuhaus im Sauerland mit ihrer „Spritzengemein-

Sehr schnell entwickelte sich die deutsche Feuerwehrtechnik zu einem internationalen Exportschlager: Mercedes-Daimler-Drehleiter bei Löscharbeiten am 3. Januar 1914 auf dem Roten Platz in Moskau.

Auch 1926 waren die meisten Branddirektoren noch der Meinung, dass nur ein gänzlich offenes Einsatzfahrzeug die Wehrmitglieder stählen und am Einsatzort ein schnelles Absitzen ermöglichen würde. Das Foto zeigt eine für die Moskauer Feuerwehr bestimmte Daimler Motorspritze Typ DC 4 dF.

schaft“ eine der ersten deutschen Freiwilligen Feuerwehren, die übrigens noch immer besteht.

Ihren ersten überregional populär gewordenen Großeinsatz hat eine Turnerfeuerwehr beim Brand des Karlsruher Hoftheaters am 28. Februar 1847. Der aus der Nachbarstadt Durlach zur Unterstützung der hoffnungslos überforderten Karlsruher Bürgerfeuerwehr herbeigeeilte „Pompier-Corps Durlach“, allesamt gut ausgebildete Turner, setzt dabei erstmals neuartige Hakenleitern ein, mit denen der Brand von den benachbarten Dächern aus abgeriegelt und mit Hilfe einer modernen beweglichen Handdruckspritze aus dem Hause Metz sogar bekämpft werden kann. Damit ist eine Feuerwehr nicht nur erstmals aus der Defensive heraus getreten, sondern hat auch ihre Fähigkeit zum Brandangriff unter Beweis gestellt. Aus dieser Erkenntnis heraus wird die Leitertechnik immer weiter perfektioniert und der sportlichen Leistungsfähigkeit der Feuerwehrmänner noch größere Aufmerksamkeit geschenkt. Sämtliche neu gegründete Feuerwehren beschäftigen fortan Turnlehrer als Ausbilder getreu dem von Feuerspritzenfabrikant Carl Metz in einer Denkschrift ausgegebenen Leitsatz „Das Feuerlöschwesen ist Turnwesen“.

Carl Metz aus Heidelberg ist es auch, der gemeinsam mit dem Gewerbelehrer und späteren Stadtbaumeister von Durlach, Christian Hengst, am 27. Juli 1846 den Durlacher Pompier-Corps ins Leben gerufen hat. Dank seiner modernen technischen Ausstattung, sowie seiner wegweisenden körperlichen und brandschutztechnischen Ausbildung, wird der Durlacher Feuerwehr-Corps schnell zum Vorbild für andere Feuerwehren im In- und Ausland, auch wenn sein militärischer Drill und der schonungslose Umgangston nicht überall auf Verständnis stoßen.

Der Begriff „Feuerwehr“ findet übrigens erstmals als „Feuerlandwehr“ in einer Nachbetrachtung des Karlsruher Brandereignisses Verwendung, als die in Tübingen verlegte „Zeitschrift für die gesamte Staatswissenschaft“ detailliert über den Einsatz berichtet. In einem internen Schreiben der Karlsruher Stadtverwaltung vom 24. August 1847 wird diese Terminologie in leicht veränderter Form übernommen und der örtliche Pompiers-Corps als „Freiwilliges Feuerwehr-Corps“ bezeichnet. Dieser Begriff wird schließlich am 19. November 1847 in der Karlsruher Zeitung veröffentlicht und findet bereits ein Jahr später im badischen Bürgerwehrgesetz Eingang. Damit hat das organisierte Feuerlöschwesen nicht nur einen neuen Namen erhalten, sondern ist auch endgültig aus dem Schatten der genossenschaftlich organisierten Pflichtfeuerwehren herausgetreten.

Der nächste große Schritt gilt der teilweisen Professionalisierung der deutschen Feuerwehren. Am 16. Januar 1851 wird

Heute ein Star jeder Oldtimerveranstaltung; bei seiner Indienststellung im Jahr 1929 eines der modernsten Löschfahrzeuge in Deutschland: Magirus KS 25 Typ Stuttgart der Feuerwehr Kornwestheim, bei der die Kraftspritze noch bis 1961 zuverlässig ihren Dienst versah.

in Berlin die erste deutsche Berufsfeuerwehr gegründet, die bereits über beachtliche 971 Einsatzkräfte und modernste Handdruckspritzen und Leiterwagen verfügt. 1862 bzw. 1863 legen auch die Städte Potsdam und Solingen die Brandbekämpfung in die Hände hauptamtlicher Kräfte. Bis 1880 steigt die Zahl der deutschen Berufsfeuerwehren auf insgesamt 17 an.

Heute stehen den insgesamt 107 Berufsfeuerwehren mehr als 24.000 Freiwillige Feuerwehren mit über einer Million Mitgliedern zur Seite. Damit ist die Feuerwehr in Deutschland nicht nur der größte Aufgabenträger für öffentliche Hilfeleistungen, sondern auch eine der wichtigsten sozialen Stützen des Vereinswesens.

Einsatzfahrzeug aus der düstersten Zeit der Feuerwehrgeschichte: Nach der Machtergreifung der Nationalsozialisten wurden die deutschen Feuerwehren im Dezember 1933 der örtlichen Polizeibehörde angegliedert und in Feuerlöschpolizei umbenannt. Bereits 1938 wurde diese dem Reichsführer-SS unterstellt und die Berufsfeuerwehren fortan als Feuerschutzpolizei bezeichnet.

Berufsfeuerwehr oder Freiwillige Feuerwehr?

Wann eine Kommune eine Berufsfeuerwehr oder eine Freiwillige Feuerwehr unterhalten muss, ist in den Gesetzen der einzelnen Bundesländer geregelt. Generell gilt, dass nur Städte mit mehr als 100.000 Einwohnern sowie kreisfreie Kommunen dazu verpflichtet sind, eine hauptamtliche Feuerwehr aufzustellen. Dies hat in erster Linie wirtschaftliche Gründe: Eine Berufsfeuerwehr verfügt über einen Löschzug mit einer mindestens sechzehnköpfigen Besatzung, der täglich rund um die Uhr dienstbereit sein muss. Dies erfordert nicht nur einen großen organisatorischen Aufwand, sondern verursacht auch enorme Personal- und Verwaltungskosten, die von kleineren Gemeinden kaum zu finanzieren sind. Wird allerdings auch der Rettungsdienst statt von einer paritätischen Hilfsorganisation von der Feuerwehr erbracht, wie dies zum Beispiel in Nordrhein-Westfalen der

Typischer Feuerwehralltag: Einsatzvorbereitung und Lagebesprechung bei der Freiwilligen Feuerwehr Besigheim.

Leistungsfähigere Fahrgestelle und funktionalere Aufbauten kennzeichneten in den 1970er Jahren den Wandel von der „mechanischen zur hochtechnisierten“ Feuerwehr.

Wegweisend bei der Modernisierung der Feuerwehrtechnik waren seit jeher die Hersteller von Hubrettungsfahrzeugen. Neben computergesteuerten Drehleitern konventioneller Bauart, gehören die immer weiter entwickelten Gelenkmastbühnen zu den nutzbringendsten Innovationen.

Fall ist, müssen auch kleinere Gemeinden hauptamtliche Kräfte beschäftigen. Doch auch bei den Freiwilligen Feuerwehren ohne Rettungsdienst bilden vielerorts bezahlte Vollzeitkräfte das Rückgrat der Wehrbereitschaft. Bundesweit stehen derzeit rund 7000 hauptamtliche Feuerwehrleute bei Freiwilligen Feuerwehren auf der Gehaltsliste. Neben organisatorischen und Verwaltungsaufgaben, übernehmen sie vorrangig kleinere Einsätze ohne Hinzuziehung von Freiwilligen, warten die feuerwehrtechnische Ausrüstung oder sind im Bereich der Fahrzeugunterhaltung und -instandsetzung tätig. Hier spricht man rechtlich von einer „Freiwilligen Feuerwehr mit hauptamtlichen Kräften".

Eine Besonderheit sieht der Gesetzgeber bei einer nicht ausreichenden Wehrbereitschaft einer Freiwilligen Feuerwehr vor. In diesem Fall macht er von seinem Recht zur Zwangsrekrutierung Gebrauch. Hierbei wird die betreffende Kommune mit der Bildung einer sogenannten „Pflichtfeuerwehr" beauftragt. Es können allerdings nur Einwohner zwischen 18 und 50 Jahren zum Feuerwehrdienst zwangsverpflichtet werden. Die Pflicht ist in den meisten Gemeinden auf zehn Jahre beschränkt. Von der Zwangsrekrutierung ausgenommen bleiben in der Regel nur Angehörige bestimmter Berufsgruppen wie Geistliche, Soldaten oder Polizisten. Wer der Verpflichtung nicht nachkommt, kann mit hohen Bußgeldern belegt werden. Die Bildung von Pflichtfeuerwehren ist zum Glück sehr selten. Die letzte medienwirksame Zwangsrekrutierung fand im Jahr 2008 auf der Nordseeinsel Sylt statt, als zur Aufrechterhaltung der Wehrbereitschaft gleich 25 Einsatzkräfte „nachverpflichtet" werden mussten. Aber auch bei vereinsinternen Unregelmäßigkeiten kann die Zwangsrekrutierung zur Anwendung kommen. So löste beispielsweise ein Bürgermeister im Jahr 2006 in einer Gemeinde in Mecklenburg-Vorpommern die gesamte Freiwillige Feuerwehr nach einem Spendenskandal auf und bestimmte anschließend eine Pflichtfeuerwehr zu ihrem Nachfolger.

Nichtöffentliche Feuerwehren

Neben den öffentlichen Berufs- und Freiwilligen Feuerwehren etabliert sich in der zweiten Hälfte des 19. Jahrhunderts mit den nichtöffentlichen Werk- und Betriebsfeuerwehren eine neue Form des Feuerlöschwesens. Hierbei steht nicht mehr das Gemeinwohl im Mittelpunkt der Brandschutzaktivitäten, sondern die Gefahrenabwehr in einem für Betriebsfremde nicht zugänglichen Bereich.

Die erste Werkfeuerwehr in Deutschland wird 1864 in der Landwirtschaftlichen Zentralschule Weihenstephan im bayerischen Freising aufgestellt. Ihre Gründung geht auf den Brand des

Preußisch diszipliniert und mit gleich vier Leitern posieren die Mitglieder dieser Werkfeuerwehr für den Fotografen. Die technische Ausstattung von Werk- und Betriebsfeuerwehren übertrifft nicht selten noch heute die der örtlichen Berufs- oder Freiwilligen Feuerwehren.

Die 1911 gegründete Betriebsfeuerwehr der Gutehoffnungshütte in Oberhausen setzte noch 1920 auf die Leistungsfähigkeit des Hafermotors. Zwei Pferde reichten aus, um die von Magirus gebaute 23-m-Leiter samt Besatzung an den Einsatzort zu ziehen.

vor den Ökonomiegebäuden gelagerten Heuvorrates zurück, der auf die angrenzenden landwirtschaftlichen Gebäude überzugreifen droht. Der zur Hilfe gerufenen Feuerwehr Freising gelingt es in ihrem ersten Löscheinsatz, den Brand unter Kontrolle zu bringen und so ein Übergreifen der Flammen auf die Nachbargebäude zu verhindern. Angesichts der latenten Gefahr von Bränden auf dem landwirtschaftlich genutzten Schulgelände, verabschiedet die Schuldirektion daraufhin die Gründung einer eigenen Werkfeuerwehr und erbittet dafür von der Feuerwehr Freising die nötige Unterstützung bei der Ausarbeitung der Statuten und der Ausbildung der Wehrmitglieder. Da der Lehranstalt ein Internat angegliedert ist, finden sich unter den Bewohnern schnell 25 Freiwillige für den „Dienst an der Spritze". Die Ausrüstung der „Werkfeuerwehr Weihenstephan" ist auf dem neuesten Stand der Technik und besteht aus je einer von Metz gelieferten Stadt- und einer Landspritze sowie einer Haspel, wofür die Schule die stolze Summe von 2350 Gulden aufwendet. Ihren ersten Brandeinsatz hat die junge Werkfeuerwehr allerdings nicht in ihrem eigenen Schulbetrieb, sondern bei einem verheerenden Großfeuer im Juni 1865 in der benachbarten Gemeinde Moosburg.

Die Werkfeuerwehr der Daimler-Benz AG in Stuttgart-Untertürkheim in den 1970er Jahren. Neben Krankenwagen und Löschgruppenfahrzeug gehörte auch ein TLF 8 auf Unimog-Fahrgestell der Baureihe 404.1 zum Fahrzeugbestand.

Für spezielle Löscheinsätze ohne Wasser halten viele Werkfeuerwehren Trockenlöschfahrzeuge vor. Die Abbildung zeigt das von Total aufgebaute TroLF der Werkfeuerwehr der Daimler-Benz AG in Gaggenau.

Mit der fortschreitenden Industrialisierung und der damit verbundenen Ausdehnung der Betriebsanlagen, entscheiden sich immer mehr Unternehmen und technische Hochschulen für die Einrichtung einer Werk- oder Betriebsfeuerwehr. Vor allem chemische Betriebe und Versuchsanstalten erkennen sehr schnell die Vorteile einer eigenen Gefahrenabwehr und richten vielfach noch vor einer gesetzlichen Verpflichtung eine Werkfeuerwehr ein. Als erster Großbetrieb nimmt 1875 die Werkfeuerwehr der Hoechst Farbenfabrik bei Frankfurt am Main ihren Betrieb auf.

Heute gibt es in Deutschland insgesamt 932 Werk- und Betriebsfeuerwehren. Je nach Größe und Art des Unternehmens bestehen diese nichtöffentlichen Feuerwehren aus hauptamtlichen Kräften oder speziell ausgebildeten Belegschaftsmitgliedern, die im Alarmfall ihren Arbeitsplatz verlassen und zum Einsatz eilen.

Während die Werkfeuerwehren durch die jeweilige Aufsichtsbehörde angeordnete bzw. anerkannte Feuerwehren sind, handelt es sich bei den Betriebsfeuerwehren lediglich um freiwillige Einrichtungen der Unternehmen. Gründe für ihre Aufstellung können von den Brandschutzversicherungen gewährte Rabatte, eine zum Unternehmenszweck gehörende größere Menschenansammlung (z.B. in Freizeitparks oder Messezentren) oder besondere Sachwerte (z.B. in Museen oder Lagerhäusern) sein. Im Gegensatz zu den Werkfeuerwehren, die im Schadenfall völlig autark agieren können, sind die Brandmeldeanlagen eines Unternehmens mit Betriebsfeuerwehr mit der öffentlichen Feuerwehr verbunden, so dass die Betriebsfeuerwehr im Regelfall nur den Erstangriff vornimmt. Bei der Werkfeuerwehr geschieht die Alarmierung der öffentlichen Feuerwehr dagegen eigeninitiativ und nur bei besonderen Gefahrenlagen. Die deutschen Werkfeuerwehren der chemischen Industrie unterhalten zudem gemeinsam mit den österreichischen Betriebsfeuerwehren das Transport-Unfall-Informations- und Hilfeleistungssystem TUIS, das bei Unfällen und betrieblichen Störungen einen schnellen Austausch von Daten und Informationen über Gefahrenstoffe und ihre spezielle Handhabung (z.B. bei Unfällen von Gefahrguttransportern) gewährleistet.

Flughafenfeuerwehr

Bei den meisten deutschen Flughafenfeuerwehren handelt es sich ebenfalls um Werkfeuerwehren, die von den jeweiligen Flughafengesellschaften unterhalten und betrieben werden. Einige von ihnen sind ihrem Auftrag und Status entsprechend ausschließlich für den Brandschutz der Flugzeuge zuständig; die Mehrzahl der Flughafenfeuerwehren übernimmt allerdings zusätzlich auch den Gebäudebrandschutz und den Rettungsdienst. Daneben gibt es auch Flughafenfeuerwehren, die Teil einer öffentlichen Feuerwehr sind und von dieser als „normale“ Feuerwache betrieben werden. Beispiele dafür finden sich in Braunschweig und Dortmund. Die Flughafenwachen sind hier mit Personal der Berufsfeuerwehr besetzt, das für die besonderen Anforderungen an den Flugfeldlöschdienst entsprechend geschult ist. Die Flughafengesellschaften bezahlen die Kommunen für die Dienstleistung der Berufsfeuerwehr und beteiligen sich an der Finanzierung der erforderlichen Spezialfahrzeuge. Die städtischen Feuerwehren übernehmen ihrerseits auch die Aus- und Fortbildung freiwilliger Feuerwehrkräfte sowie die gesetzlichen Brandschutzschulungen des Flughafenpersonals.

Das Aufgabenprofil einer Flughafenfeuerwehr ist sehr vielschichtig und unterscheidet sich zum Teil recht deutlich von dem einer städtischen Feuerwehr oder Werkfeuerwehr. Es reicht von der Bergung über die Rollbahn hinaus geratener Flugzeuge, über das Vorbereiten einer Notlandung bis hin zum Ablöschen verunfallter Flugzeuge und die Rettung von Flugzeuginsassen. Auf Grund ihrer speziellen Erfahrung wird die Flughafenfeuerwehr auch bei Flugzeugunglücken außerhalb des Airports angefordert. Hinzu kommen der normale Feuerwehrdienst, wie z.B. die Brandbekämpfung innerhalb und außerhalb der Flughafengebäude, Hilfeleistungen bei Verkehrsunfällen auf den Zufahrtsstraßen und Parkplätzen sowie der Rettungsdienst.

Hochmoderne leistungsfähige Sonderfahrzeuge kommen heutzutage bei Flugzeugunfällen auf Flughäfen zum Einsatz. Motorleistungen über 1000 PS und Löschmittelvorräte von bis zu 17.000 l sind beeindruckende Eckdaten dieser Kraftpakete.

Gemäß den Vorgaben der Internationalen Zivilluftfahrt-Organisation (ICAO) muss der entfernteste Punkt eines Flughafengeländes im Alarmfall innerhalb von drei Minuten erreicht werden, was bei Großflughäfen eine Verteilung auf mehrere Feuerwachen erforderlich macht. Außerdem stellen sowohl die Zeitvorgabe als auch die speziellen Einsatzbedingungen ungleich höhere Ansprüche an die eingesetzten Löschfahrzeuge. Ein großes Flugfeldlöschfahrzeug erreicht beispielsweise in nur 40 Sekunden eine Höchstgeschwindigkeit von mehr als 120 km/h und bevorratet mit bis zu 18.000 Litern Wasser und Schaumerzeuger deutlich mehr Löschmittel als ein normales Straßenlöschfahrzeug.

Die Anfänge des Flughafenlöschwesens sind dagegen ungleich bescheidener und reichen zurück bis in das Jahr 1919, als auf den bereits existierenden Linienflugplätzen Berlin, Hamburg, Hannover und München die ersten Motorspritzen aus Militärbeständen angeschafft werden. Bereits 1927 liefert Daimler mit dem sogenannten „Abrüstwagen" den ersten für Einsätze auf dem Flugfeld konzipierten Schnelllastwagen. Zu seiner Ausrüstung gehören unter anderem drei Eimer mit Sand, eine Eimerspritze, vier Halonfeuerlöscher und ein Behälter mit Tetrachlorkohlenstoff zum Nachfüllen der Feuerlöscher am Einsatzort. Außerdem befinden sich mehrere Tragen sowie Bergungs- und Rettungsgerät an Bord. Ein Jahr später bauen Krupp und der Feuerlöscherspezialist Minimax ein Hilfsfahrzeug für Flugzeugunfälle, das bereits über eine Feuerlösch-Kreiselpumpe, einen 1600 Liter-Wassertank und eine Schaummittellöschanlage verfügt. Damit ist der Grundstein für einen effektiven Brandangriff im Flugfeldbereich gelegt. Mit der Größe der Flugzeuge wachsen auch die Anforderungen an die Löschfahrzeuge, so dass in den Folgejahren nahezu beständig das Löschmittelvolumen und die Förderleistung der Kreiselpumpen optimiert werden.

Einen wirklich großen Schritt nach vorn gibt es allerdings erst mit der Indienststellung der ersten mehrstrahligen Passagiermaschinen Mitte der 1960er Jahre, die schon allein aufgrund ihrer Größe und ihres enormen Kraftstoffvorrates die Retter vor ganz neue Herausforderungen stellen. Auf einem Mercedes-Benz-Fahrgestell entsteht 1965 bei Rosenbauer mit dem FLF 11000 das mit 11.000 Litern Löschmittelvorrat größte auf dem europäischen Festland gebaute Tanklöschfahrzeug, das bereits über einen separaten Verbrennungsmotor für die Feuerlöschpumpe verfügt. Probleme bereitet allerdings sein enormes Gewicht in Verbindung mit der relativ schwachen Motorisierung, die eine schnelle Anrückzeit praktisch unmöglich macht. Die Fahrzeugindustrie reagiert darauf mit einer ganz neuen Generation von Großtankflugfeldlöschfahrzeugen. Pionier ist hier die Firma FAUN, die gemeinsam mit dem französischen Feuerwehrgerätehersteller Sides ein 2 x 450 PS starkes Allradfahrzeug auf die Räder stellt, das weder optisch noch leistungstechnisch Gemeinsamkeiten mit den bisherigen im Flugfeldbereich eingesetzten Feuerwehrfahrzeugen aufweist. Dank des zweiten Motors, der wahlweise die Hinterachsen oder die Feuerlöschpumpe antreibt, kann der Löschangriff bereits während der Fahrt eingeleitet bzw. das Fahrzeug ohne Löschunterbrechung in eine andere Position bewegt werden. Dieses Konstruktionsprinzip machen sich später auch andere Hersteller wie Metz, Magirus, Rosenbauer oder Ziegler zu eigen. Vor allem die von Rosenbauer gebauten Typen „Simba" und „Panther" werden mit ihrem futuristischen Design zum Inbegriff des Flugfeldlöschfahrzeugs. Neben diesen Giganten setzen die Flughafenfeuerwehren allerdings auch konventionelle Flugfeldlöschfahrzeuge bzw. Löschgruppenfahrzeuge ein.

Grubenwehr

Die Grubenwehr stellt als Feuerwehr des Bergbaus eine Sonderform der Betriebsfeuerwehr dar. Zwar umfasst auch ihr Aufgabengebiet die Menschenrettung sowie den Erhalt von Sachwerten nach Bränden, Explosionen oder Gasaustritten, allerdings befindet sich ihr Haupteinsatzgebiet unter Tage, so dass in den meisten Betrieben nur ausgebildete Bergleute als Grubenretter zugelassen sind. Die Mitgliedschaft in einer Grubenwehr ist freiwillig und nebenberuflich. Große Bergbauunternehmen unterhielten in ihrer Blütezeit auch hauptamtliche Grubenwehren, deren Organisationsstruktur der einer Werkfeuerwehr entsprach. Bei Übungen und im Einsatz besteht ein Grubenwehrtrupp aus einem Truppführer und vier Truppmännern.

Die erste Grubenwehr wurde 1897 auf der Zeche Shamrock in Herne aufgestellt. Die größte deutsche Grubenwehr war die 1906 gegründete „Grubenwehr Rheinelbe" der Gelsenkirchener Bergwerks AG, die in der heute zu Gelsenkirchen gehörenden Gemeinde Ückendorf nicht nur eine große Zentralwache unterhielt, sondern auch die Aufgaben einer öffentlichen Feuerwehr wahrnahm. Im Jahr 1907 wurde mit Gründung der „Grubenwehr Salzbergwerk Berchtesgaden" das Grubenrettungswesen erstmals auch im Salzbergbau eingeführt.

Bis zum Ausbruch des Ersten Weltkriegs fasste das Grubenrettungswesen in allen deutschen Bergbaurevieren Fuß. 1948 erfolgte auch im neu eingerichteten Uranbergbau der DDR der Aufbau eines zentral gesteuerten Grubenrettungswesens.

Die Ausrüstung einer Grubenwehr besteht in erster Linie aus tragbaren Atemschutzgeräten sowie Feuerlösch- und Bergungsgeräten. Nur in Betrieben, in denen auch der Brandschutz der übertägigen Anlagen sichergestellt werden muss, werden entsprechende Löschgruppen- und Hubrettungsfahrzeuge vorgehalten. Dies ist allerdings heute bei keiner deutschen Grubenwehr mehr der Fall.

Feuerwehr Spezial – Die wichtigsten Feuerwehrfahrzeughersteller

Im Gegensatz zum herkömmlichen Pkw-Bau, liegt die Fertigung eines Feuerwehrfahrzeugs nicht in den Händen eines großen Automobilherstellers, wie z.B. Mercedes-Benz oder MAN, sondern ist das Produkt eines Spezialisten, der im Fachjargon auch als „Aufbauhersteller" bezeichnet wird. Mit der Liberalisierung des europäischen Marktes und der von der EU geforderten europaweiten Ausschreibung einer kommunalen Bestellung, wuchs die Zahl der auf den Bau von Feuerwehrfahrzeugen spezialisierten Aufbauhersteller in den letzten Jahren sprunghaft an, so dass nachfolgend nur die für die historische Entwicklung der Fahrzeugtechnik wichtigsten Hersteller in einem Kurzportrait vorgestellt werden:

Bronto Skylift

Der finnische Fahrzeughersteller Bronto Skylift mit Sitz in Tampere ist der weltweite Marktführer für auf Lastwagen montierte hydraulische Hubarbeitsbühnen. Das Unternehmen entwickelt, produziert und vertreibt Hubfahrzeuge, die für die Feuerwehr und spezifische Anwendungen im Baugewerbe bestimmt sind. Die gesamte Modellpalette umfasst derzeit rund 50 verschiedene Ausführungen mit Arbeitshöhen zwischen 16 m und 112 m. Für die Feuerwehr befinden sich sowohl Hubrettungsfahrzeuge als auch Löschfahrzeuge mit hydraulischem Teleskoparm im Lieferprogramm.

Gegründet wird das Unternehmen 1938 als Teil der Firma K. Nummela Omnibusbau. Die Produkte firmieren im Laufe der Zeit unter verschiedenen Markennamen wie „Bronto", „Bronto Saurus" oder „Nummela Sky-Lift". Im Jahr 1961 wird die erste zweigliedrige Hubrettungsbühne vorgestellt. Ihr folgt 1966 eine Ausführung mit drei Segmenten für die Täby Fire Brigade in Schweden. Nach dem Auftrag zum Bau der ersten Hubrettungsbühne für die Feuerwehr in Damaskus/Syrien, wird 1970 der bislang auf Europa beschränkte Vertrieb global ausgeweitet. 1972 erfolgt schließlich die Gründung der Firma Bronto Skylift in ihrer heutigen Form.

Zu den beeindruckendsten Feuerwehrfahrzeugen mit Bronto Skylift-Technologie gehören sicherlich die Velocity- und Arrow XT-Fahrgestelle des nordamerikanischen Anbieters Pierce. Die mit RLP-Teleskopmastenbühnen von 30 m bis 41 m Rettungshöhe lieferbaren „Rescue Ladder Platforms" werden übrigens mit einer 20-Jahre-Garantie auf die gesamte Hubtechnik ausgeliefert!

Mitte der 1960er Jahre trat als neues Hubrettungsfahrzeug die bis dahin bei deutschen Feuerwehren nicht gebräuchliche Hubrettungsbühne auf den Plan. Die Abbildung zeigt eine 1969 gebaute GMB 20 des Bronto Skylift-Rechtsvorgängers Nummela mit Steyr 680-Fahrgestell.

Dem weltweit wachsenden Bauboom mit immer höheren Gebäuden und Industrieanlagen, begegnen die Finnen in den folgenden Jahren mit immer höheren Arbeitsbühnen. Im Jahr 1980 wird die mit einer Hubhöhe von 50 m seinerzeit höchste Arbeitsbühne der Welt präsentiert. Die erste Rettungsbühne mit Leiterwerk verlässt 1985 die Produktionshallen. Ein Jahr später fertigt Bronto Skylift erstmals eine Feuer- und Rettungsbühne mit eigenem löschtechnischen Aufbau. Auftraggeber ist die Feuerwehr Athen. 1988 und 1994 kann die Hubhöhe der Arbeitsbühnen auf weltweit konkurrenzlose 68 m bzw. 72 m gesteigert werden. 2001 ergänzt man das Lieferprogramm um eine Rettungsleiter mit 42 m Auszugslänge. 2005 stellt Bronto Skylift mit dem Typ F 90 HLA die erste 90-m-Hubrettungsbühne der Welt vor. Seit 2010 halten die Finnen den Weltrekord für Hubrettungsbühnen auf Lkw-Basis mit einer Hubhöhe von 112 m!

Obwohl EMPL verhältnismäßig spät in die Fertigung von Feuerwehrfahrzeugen eingestiegen ist, genießen ihre Produkte heute weltweit einen hohen Stellenwert. Vor allem durch technische Innovationen, wie dieses für China gebaute Tunnellöschfahrzeug TLF 2000-200-200 Double Head, kann sich das Unternehmen auch international behaupten.

EMPL

Die Firma EMPL gehört zu den jüngeren Herstellern von Feuerwehrfahrzeugen und produziert erst seit 1986 entsprechende Aufbauten. Die Tradition des Hauses EMPL reicht allerdings bis in das Jahr 1926 zurück, als Josef Empl I in Kaltenbach/Österreich eine seit mehr als 200 Jahren betriebene Schmiede übernimmt und dort mit der Fertigung der bekannten „Zillertaler Holzpflüge“ beginnt. 1940 verstirbt er unerwartet, so dass sein erst siebzehnjähriger Sohn Josef Empl II den Betrieb übernehmen muss. Dieser nutzt den für die Firmenübernahme gewährten Aufschub vom Wehrdienst für die Ablegung der Meisterprüfung und wird 1943 der jüngste Schmiedemeister im Deutschen Reich.

1948 gründet Joesef Empl II den „Alpenländischen Fahrzeugbau – J. Empl“ und präsentiert ein Jahr später auf der ersten Klagenfurter Nachkriegsmesse einen luftbereiften landwirtschaftlichen Anhänger, der für viele Jahre die Existenz des Unternehmens sicherstellt. 1956 folgt ein Großauftrag des Kuratoriums für Landwirtschaft für den Bau eines Triebachsanhängers für einen Einachs-Gebirgsschlepper. 1964 wird mit der Fertigung der ersten maßgeschneiderten Lkw-Aufbauten begonnen.

Im Jahr 1970 übernimmt Sohn Josef Empl III die Produktionsleitung. Vier Jahre später erfolgt die Übernahme des Kippfahrzeugherstellers Stafler in Innsbruck. 1978 übersiedelt das Stammhaus in eine neue Betriebsstätte am Ortsrand von Kaltenbach, deren Kernstück eine große Montagehalle mit angeschlossener Lackiererei ist. Die neuen Räumlichkeiten erlauben eine deutliche Forcierung der Stückzahlen, so dass 1983 der Einstieg in das Exportgeschäft gewagt wird. Schon bald liefert das Unternehmen die ersten Fahrzeuge auch nach Afrika und Asien aus.

Nachdem man bislang nur Gelegenheitsaufträge von örtlichen Feuerwehren ausgeführt hat, wird im Jahr 1986 mit der kontinuierlichen Produktion von Feuerwehraufbauten begonnen. Von Anfang an setzt das Unternehmen dabei auf einen engen Dialog mit den Kunden und entwickelt ein modulares Baukastensystem, das eine möglichst individuelle Fahrzeugfertigung ermöglicht. Damit erwirbt sich EMPL in Feuerwehrkreisen schnell den Ruf eines „Spezialausstatters“ und etabliert sich so als Alternative zu alteingesessenen Feuerwehrausrüstern.

1990 wird das Stammwerk beträchtlich erweitert und das Unternehmen in die neu gegründete „EMPL Fahrzeugwerk GmbH & Co. KG“ überführt.

Vom Lokalanbieter zum Globalplayer: Während EMPL zunächst nur den heimischen Feuerwehrmarkt belieferte, machen heute internationale Großaufträge, wie die Fertigung dieser Ford-Einsatzwagen für Kuwait, einen Großteil des Umsatzvolumens aus.

1992 erwirbt EMPL im sächsischen Klöden das Werk der ehemaligen FAGEMA und baut es zum deutschen Service- und Montagestützpunkt aus. 1997 wird im österreichischen Hall mit dem Aufbau eines weiteren Montagewerks begonnen und 2001 der Spatenstich für den Bau eines neuen Deutschlandstützpunkts in Elster getätigt.

Für Libyen fertigte EMPL dieses spezialisierte GTLF 34000-4000, das für die Ausbringung eines Schaumteppichs auf Rollbahnen genutzt wird.

2004 wird die neue Feuerwehrfahrzeuggeneration „MOD-Tech“ mit CAN-Bus und GfK-Verbundbauweise präsentiert und mit der Planung für den erneuten Ausbau der Montagewerke begonnen. 2011 geht in Uderns im Zillertal eine eigene, 350.000 Euro teure Lkw-Teststrecke – unter anderem für Rütteltests und dynamische Verwindung – in Betrieb.

Die Bandbreite der von EMPL gefertigten Feuerwehrfahrzeuge umfasst heute die gesamte im nationalen und internationalen Feuerwehralltag anzutreffende Fahrzeugpalette, die vom Kommandowagen bis zum Großtanklöschfahrzeug reicht. Ausnahmen bilden lediglich Hubrettungsfahrzeuge und schwere Kranwagen, die beide nicht angeboten werden. Neben dem Neubau von Feuerwehrwagen befasst sich EMPL auch mit der Instandsetzung und Rekonstruktion von gebrauchten oder im Dienst befindlichen Fahrzeugen, was gerade in Zeiten leerer Stadtkassen eine Alternative zum Neukauf darstellt.

Magirus

Die Magirus GmbH mit Sitz in Ulm ist Teil des CNH Industrial-Konzerns, der im Jahr 2013 aus der Umstrukturierung der IVECO-Magirus Brandschutztechnik GmbH hervorgegangen ist. Die Anfänge des heutigen Weltmarktführers für Drehleiterfahrzeuge reichen bis in das Jahr 1846 zurück, in dem der passionierte Turner Conrad Dietrich Magirus gemeinsam mit anderen Mitgliedern der TSG Ulm eine der ersten Freiwilligen Feuerwehren in Deutschland gründet. Der Ulmer Bürgersohn Magirus ist ein begeisterter Feuerwehrmann, der nicht nur Mitglieder für einen zweiten Ulmer Löschzug mobilisiert, sondern auch an der Neustrukturierung des Feuerlöschwesens mitwirkt und bei der Optimierung der Ausrüstung Ideen und technisches Geschick einbringt. 1853 trifft er sich mit Gleichgesinnten in Plochingen zur ersten „Allgemeinen Deutschen Feuerwehrversammlung“, deren Vorsitz er übernimmt. Aus dieser Organisation geht später der Deutsche Feuerwehrverband hervor.

Im Jahr 1864 wird Conrad Dietrich Magirus Kommanditist des neugegründeten Feuerwehrausstatters Gebrüder Eberhardt offene Handels- und Kommanditgesellschaft. Nach Differenzen mit den Firmengründern macht sich Magirus 1866 selbstständig. In seiner Feuerwehr-Requisiten-Fabrik C.D. Magirus an der Ulmer Promenade fertigt er mit einer Hand voll Mitarbeitern Feuerwehrspritzen und Leitern.

1872 entwickelt Magirus mit der „Ulmer Leiter“ eine freistehend besteigbare zweirädrige Schiebeleiter. Die 14 m hohe Holzkonstruktion ist bei der Weltausstellung 1873 in Wien eine der meist bestaunten technischen Neuerungen und gewinnt auf Anhieb eine der begehrten Goldmedaillen. Das macht das kleine Unternehmen über Nacht bekannt und so sind die Auftragsbücher schon bald gut gefüllt. 1885 ist die bisherige Werkstatt längst zu klein geworden, so dass im Stadtgebiet ein neuer Firmensitz bezogen wird. 1892 kommt die erste, noch von Pferden gezogene Magirus-Drehleiter mit einer Steighöhe von 25 m auf den Markt. Sie gilt als Urmodell aller heutigen Hubrettungssysteme.

Die Magirus-Patent-Autoleiter K20, hier auf einem Daimler DC 3 dF aus dem Jahr 1921 montiert, war eine der erfolgreichsten Leiterkonstruktionen der Ulmer Firma.

Als am 26. Juni 1895 Conrad Dietrich Magirus im Alter von 70 Jahren stirbt, übernehmen seine Söhne Heinrich, Hermann und Otto Magirus die Firmenleitung und führen sein Lebenswerk weiter. Im Jahre 1903 wird die erste selbstfahrende Dampffeuerspritze ausgeliefert. Nur ein Jahr später überraschen die Ulmer mit der weltweit ersten Drehleiter mit vollautomatischem Antrieb. Die Marke Magirus wird damit endgültig zum Synonym für innovative Feuerwehrausrüstung.

1914 platzt auch das neue Werksareal aus allen Nähten, weshalb in Söflingen ein Zweigwerk errichtet wird. Im Jahr 1916 beginnt Magirus auf Druck der deutschen Oberheeresleitung mit dem Bau eines Dreitonnen-Lkws für die Truppenversorgung. Nach dem Krieg besteht kaum noch Bedarf für einen solchen Fahrzeugtyp und so beginnt man die Lücke mit der Fertigung von Omnibussen und Güterwagen zu schließen.

Im Jahr 1921 rollt endlich auch das erste leichte Löschfahrzeug aus den Werkshallen in Söflingen. Die sogenannte „Bayernspritze" erweist sich als Verkaufsschlager und löst vielerorts die noch mit Pferden bespannten Löschwagen ab. Nur wenig später erscheint der erste Wasserwagen als Vorläufer der Tanklöschfahrzeuge.

Ab 1925 ziert alle Magirus-Fahrzeuge ein großes „M" mit dem stilisierten Ulmer Münster den Kühlergrill. Zudem wird die Produktpalette um Kommunalfahrzeuge und Lastwagen verschiedener Größen und Nutzlasten erweitert. Dennoch sind die Verkaufszahlen entgegen dem allgemeinen Trend rückläufig. Im Gegensatz zur Konkurrenz, kann Magirus nicht mit dem inzwischen deutlich stärker nachgefragten Dieselmotor aufwarten, so dass man gezwungen ist, Selbstzünder von Maybach und Continental (USA) zuzukaufen. Ab 1929 können die Ulmer endlich auch eigene Dieselaggregate anbieten, die ab 1931 in allen Nutzfahrzeugen serienmäßig zum Einsatz kommen. Das Geld für die technischen Entwicklungen wird mit immer neuen Krediten finanziert, so dass ab 1932 die Banken im Unternehmen den Ton angeben und sich schon bald nach einem geeigneten Fusionspartner umschauen. Dieser wird 1935 mit der Humboldt-Deutz-Motorenfabrik in Köln gefunden, so dass die Zwangsehe am 5. März 1936 vollzogen werden kann. Zwei Jahre später übernimmt der Duisburger Montankonzern Klöckner AG die Aktienmehrheit.

Ab 1940 wird der Name Magirus nicht mehr genutzt und statt des bekannten Magirus-Münsters ein kreisrundes Signet mit dem Schriftzug des neuen Eigentümers als Firmenlogo verwendet. 1944 entwickelt man bei Klöckner-Humboldt-Deutz den luftgekühlten Dieselmotor zur Serienreife, der ab 1948 in allen konzerneigenen Bussen, Feuerwehrfahrzeugen und Lastkraftwagen zum Einsatz kommt. Ab 1949 lautet der Markenname „Magirus-Deutz" bei gleichzeitiger Reaktivierung des alten Magirus-Logos als „Gallionsfigur".

Mit dem extrem anspruchslosen, aber enorm durchzugsstarken Deutz-Diesel gelangt auch die angeschlagene Feuerwehrsparte zu neuer Blüte. 1950 stellt Magirus-Deutz eine ganz neue Generation von Löschfahrzeugen vor, die optisch vom Design zeitgenössischer Omnibusse beeinflusst ist. Als Trägerfahrzeuge dienen fortan nur noch konzerneigene Fahrzeugtypen. Lediglich bei kleineren Feuerwehrfahrzeugen wie LF 8 oder TLF 8 werden in Ermangelung eigener Kleintransporter Fahrgestelle von Fremdherstellern wie FAUN, Ford oder Opel angeboten.

Auch die Berliner Feuerwehr nannte mehrere K20 ihr Eigen. Bei dieser Aufnahme aus dem Jahr 1926 fungiert als Trägerfahrzeug ein Daimler (Marienfelde) DC4 dF.

Ab 1951 werden erstmals die für Magirus-Deutz stilprägenden Rundhauber für Feuerwehraufbauten verwendet. Die angebotenen Fahrzeugtypen reichen von Drehleitern zwischen 18 und 50 m, über Rüstkranwagen, Gerätewagen, Löschgruppenfahrzeuge, Tank- und Trockenlöschfahrzeuge, Flugfeldlöschfahrzeuge bis hin zu Schlauch- und Mannschaftswagen. Auf der Internationalen Automobilausstellung 1951 debütiert zudem die seinerzeit höchste Drehleiter der Welt mit einer Auszugslänge von 52+2 m. Außerdem wird der erste Rüstwagen mit einem rundum drehbaren Kran vorgestellt.

1953 erscheint die erste komplett hydraulische Drehleiter. 1956 schließt sich der erste, auf einem Magirus-Deutz-Eckhauber-Fahrgestell aufgebaute Dreiachs-Kranwagen mit einer Traglast von 15 Tonnen (später auch 20 Tonnen) an. Dieses Modell ist am Markt nahezu konkurrenzlos und bestimmt daher jahrzehntelang das Bild des typischen Feuerwehrkranwagens.

1957 liefert Magirus-Deutz das größte Tanklöschfahrzeug der damaligen Zeit nach Uruguay. Der Sattelzug kann 8000 Liter Wasser, 800 Liter Schaum und 900 Kilogramm Kohlensäure mit sich führen. Er wird wenig später nahezu baugleich, aber mit unterschiedlicher Beladung, auch nach Algerien, Rumänien und Tunesien sowie an den Flughafen Münster/Osnabrück und die Werkfeuerfeuer Hoechst geliefert.

1967 ist Magirus-Deutz Vorreiter bei der Umstellung auf Frontlenkerfahrwerke. Noch im selben Jahr ersetzen bei allen angebotenen Feuerwehrfahrzeugen moderne Aluminium-Rollläden die antiquierten Klapptüren für den Verschluss der Gerätekästen. Außerdem präsentiert das Unternehmen auf der Frankfurter IAA dem staunenden Publikum die weltweit erste vollständig fernsteuerbare Drehleiter der Welt.

Wie kaum ein anderes Fahrgestell entwickelten sich die formschönen Magirus Deutz-Rundhauber zum Inbegriff für ein „richtiges" Feuerwehrfahrzeug. Die Abbildung zeigt einen Typ F Mercur 125 A als TLF 15 mit Magirus-Aufbau.

Im Olympia-Jahr 1972 sorgt ein neuer Magirus-Deutz abermals für Staunen: Speziell für Rettungseinsätze in U-Bahn-Tunneln konzipiert, kann das weltweit erste schienen- und straßentaugliche Zweiwege-Feuerwehrfahrzeug an die Berufsfeuerwehr Frankfurt/Main übergeben werden.

Drei Jahre später wird Magirus-Deutz italienisch. Mit der Fiat-Tochter IVECO übernimmt der seinerzeit größte europäische Nutzfahrzeughersteller die Lkw- und Feuerwehrsparte, die fortan unter IVECO-Magirus firmiert.

1979 entwickelt man in enger Zusammenarbeit mit der Berufsfeuerwehr München mit der DLK 23-12 n.B. die erste Drehleiter niederer Bauart, die durch ihre kompakte Bauhöhe von nur 2,85 m gegenüber 3,20 m deutlich gefahrloser durch städtische Unterführungen etc. bewegt werden kann.

1994 sorgt die Vorstellung der weltweit ersten Gelenkdrehleiter, die auch in räumlich beengten Situationen eine präzise Ausrichtung des Rettungskorbs ermöglicht, für einen erneuten Innovationsvorsprung. Im Jahr 2000 wird schließlich mit Einführung der ersten schwingungsfreien Drehleiter mit CS-Steuerung (Computer Stabilized) der Grundstein für eine bis heute anhaltende digitale Optimierung der Leitertechnik gelegt.

In der Wirtschaftswunderzeit ein alltägliches Bild auf deutschen Straßen: Magirus-Löschzug bestehend aus LF 15 auf S 3000-Fahrgestell, TLF 15/48 auf S 3500-Fahrgestell und DL 25 ebenfalls auf S 3500-Fahrgestell.

Zudem hebt IVECO-Magirus 2004 mit dem „Multistar" ein weltweit einzigartiges Multifunktionsfahrzeug aus der Taufe, das eine 29-m-Teleskopmastrettungsbühne und ein Löschgruppenfahrzeug miteinander vereint. 2005 schließt sich die Einführung einer Kombination aus Teleskopmast und Gelenkdrehleiter an.

Im Jahr 2007 fordert IVECO-Magirus die Konkurrenz mit einer optimierten Neuauflage des Dragon-Flugfeldlöschfahrzeugs heraus. Das jetzt „SuperDragon" genannte „Löschmonster" ist als zwei-, drei- und vierachsige Variante lieferbar und wird von zwei zusammen 1120 PS starken Dieselmotoren angetrieben, die das Fahrzeug in nur 25 Sekunden auf Tempo 80 km/h beschleunigen. Die Höchstgeschwindigkeit liegt bei für Nutzfahrzeuge atemberaubenden 135 km/h! Das Ladevolumen umfasst je nach Ausführung 14.000 bis 17.000 Liter Wasser, 1500 bis 2000 Liter Schaummittel sowie 500 bis 1000 Kilogramm CO_2. Für den Löschvorgang ist ein separater Pumpenantrieb mit 275 PS Leistung und einer Wurfkapazität von 10.000 Liter pro Minute montiert.

2010 wird schließlich mit der sogenannten „Single Extencion"-Auszugstechnologie ein neues Kapitel in der Leitermechanik aufgeschlagen.

Seit 2012 konzentriert man sich in Ulm ausschließlich auf die Herstellung von Hubrettungsfahrzeugen, während die Fertigung von Löschfahrzeugen und „zivilen" Nutzfahrzeugen in Österreich und Italien erfolgt.

Metz

Die heute zur Rosenbauer-Gruppe gehörende Metz Aerials hat ihre Wurzeln in der 1842 gegründeten Maschinenfabrik Carl Metz in Heidelberg. Der gelernte „Mechanikus" Carl Metz, der als Werksleiter von der Badischen Staatsbahn kommt, hat bei mehreren Großbränden miterleben müssen, wie weit die Brandbekämpfung der aktuellen technischen Entwicklung im Zeitalter von Dampfmaschine und Eisenbahn hinterherhinkt. Aus diesem Grund beginnt er 1843 mit der Produktion von Handdruckspritzen sowie Saug- und Druckpumpen. Die technischen Grundlagen dafür hat er aus dem Lokomotivbau entlehnt, wo die Verwendung entsprechender Pumpen zur Kesselspeisung gängige Praxis ist. Bereits im ersten Geschäftsjahr kann Metz 50 Spritzen verkaufen. Zur Auslieferung gehört stets auch eine Schulung der Löschmannschaft durch den Firmeninhaber persönlich.

Nicht nur 1953 eine beindruckende Erscheinung: Metz-Drehleiter DL 30 mit Vorbaupumpe auf dem Fahrgestell eines MAN 758.

Die vom Reichsluftfahrtministerium für „die Sicherheit und den Hilfsdienst in Luftschutzorten erster Ordnung" in Auftrag gegebene Kraftfahrleiter KL 26 gehörte zu den ersten genormten Hubrettungsfahrzeugen, die von Metz gebaut wurden.

Die von Metz nach dem Krieg gebauten Tanklöschfahrzeuge (hier ein TLFA 15) entstanden zumeist auf Mercedes-Benz-Fahrgestellen des Typs LA 3500, die sich von 1950 bis 1954 im Lieferprogramm befanden.

Schwere Drehleiter SDL auf Mercedes-Benz-Fahrgestell OM 57. Mit der wenig rühmlichen Eingliederung der Feuerwehr in den NS-Polizeiapparat trugen die Fahrzeuge nicht nur einen tannengrünen Anstrich, sondern erhielten auch aus dem Militärdienst entliehene Typenbezeichnungen.

Doch Carl Metz ist nicht nur ein genialer Konstrukteur und Erfinder, sondern er besitzt auch den nötigen Unternehmergeist, um seine Produkte weit über Heidelberg hinaus bekannt zu machen. So veranstaltet er mit seinen Geräten regelmäßig im In- und Ausland aufsehenerregende Vorführungen und schärft damit zugleich den Blick für eine effektivere Brandbekämpfung. Außerdem entwickelt Metz Pläne für eine bessere Organisation und Ausbildung der Löschmannschaften. Bei dem bereits an anderer Stelle zitierten Karlsruher Theaterbrand kann der von Carl Metz mitinitiierte Durlacher Pompier-Corps durch exakte Arbeit und neuartige Angriffstechniken überzeugen. Die Erfolge fallen auf Metz und dessen Produkte zurück, was ihn deutschlandweit zum Gründungsvater des modernen Feuerwehrwesens macht.

1847 führt Metz den von ihm entwickelten „Luftapparat" ein, bei dem es sich um den weltweit ersten Atemschutzhelm handelt. Außerdem werden die ebenfalls von Metz gebauten

Auch schwere Feuerwehrkräne, wie der hier gezeigte RW 10 auf dem Fahrgestell eines Mercedes-Benz LAF 332, gehörten zum Typenportfolio der Karlsruher Feuerwehrspezialisten. Dennoch gelang es ihnen nicht, sich in diesem Fahrzeugsegment gegen die übermächtige Konkurrenz aus Ulm durchzusetzen.

Die DL 25 war in Deutschland über viele Jahre die Standarddrehleiter mittlerer und größerer Wehren. Von Metz wurde sie in der Nachkriegszeit bevorzugt auf Mercedes-Benz L 3500-Fahrgestellen montiert.

Hakenleitern verbessert. Im Jahr 1872 kann bereits die eintausendste fahrbare Spritze ausgeliefert werden. 1877 verstirbt der Firmengründer mit nur 59 Jahren. Seine Ehefrau Babette Metz führt die Firma als offene Handelsgesellschaft weiter. 1905 übernehmen die Brüder Alfred und Karl Bachert das Unternehmen und verlegen den Firmensitz nach Karlsruhe. Die an der Technischen Hochschule Stuttgart ausgebildeten Ingenieure forcieren die Entwicklung neuer Leitern. Bereits 1908 werden die ersten Leiterwagen für Hand- und Pferdetraktion angeboten. Vier Jahre später baut Metz für die Berufsfeuerwehr Karlsruhe die erste „benzinautomobile" Drehleiter mit einer Steighöhe von 25 m. Die gesamte Konstruktion ist samt einer Kreiselpumpe auf einem 55 PS starken Benz-Fahrgestell montiert. Der Leitersatz muss noch vollständig von Hand bewegt werden, allerdings denkt man bereits über einen motorischen Antrieb nach.

Mit Beginn des Ersten Weltkriegs gerät die Entwicklungsarbeit jedoch ins Stocken. Erst 1920 sorgt der Umzug in ein größeres Werk für eine neue Aufbruchsstimmung. Ein Jahr später übernimmt der Automobilhersteller Benz die Generalvertretung der Drehleitern und liefert exklusiv die Fahrgestelle dafür. 1923 präsentiert Metz die erste Drehleiter, bei der alle Bewegungen durch eine Umlenkung des Getriebes unmittelbar durch den Fahrzeugmotor angetrieben werden. Dies ist die Geburtsstunde der modernen Hubrettungstechnik. Ab 1924 kann der Leitersatz optional auch in Ganzstahlbauweise aus Aluminium geordert werden. Die maximale Auslegung beträgt 26 m.

Neben den Hubrettungsfahrzeugen machte sich Metz auch mit der Entwicklung innovativer Tanklöschfahrzeuge einen Namen. Abgebildet ist ein für die damalige Zeit wegweisendes TLF 16/36 aus dem Jahr 1953.

1935 bekommt Metz das Patent für die Konstruktion einer hydraulischen Drehleiter, bei der mehrere Öldruckpumpen die Bewegung der Leiter übernehmen. Dennoch bleibt die mechanische Drehleiter noch viele Jahre unangefochtener Marktführer. Noch im selben Jahr erhalten Metz und Konkurrent Magirus vom Reichsluftfahrtministerium den Auftrag zur Entwicklung einer Tankkraftspritze für Flugplätze. 1938 läuft die Serienfertigung der mit Vorbaupumpe versehenen Tanklöschfahrzeuge an, was eine Vergrößerung der Produktionsstätte erforderlich macht. Metz übernimmt zusätzlich zum bestehenden Werk das Gelände der früheren Karlsruher Lokomotiven- und Maschinenbaugesellschaft. Bis zu den schweren Luftangriffen 1944, bei denen ein Großteil der Fabrikanlagen zerstört wird, läuft die von den Nationalsozialisten als kriegswichtig eingestufte Produktion auf Hochtouren weiter.

Nach Kriegsende gestaltet sich der von den Gebrüdern Bachert sofort eingeleitete Wiederaufbau schwieriger als erwartet. Neben den zerstörten Gebäuden verhindern vor allem die alliierten Produktionsbeschränkungen einen schnellen Neustart. Erst 1949 sorgt die Bestellung mehrerer 22-m-Drehleitern auf Opel Blitz-Fahrgestellen durch die US-Streitkräfte für eine Wiederbelebung des Fahrzeugbaus. Von nun

Die ab 1955 von Mercedes-Benz angebotenen Frontlenker der Pullman-Serie wurden auch von Metz als Basis für Feuerwehraufbauten verwendet. Die Abbildung zeigt ein LF 16 auf dem Fahrgestell eines LPF 311.

Im Jahr 1977 präsentierte Metz mit dieser für die Feuerwehr Offenbach gebauten DL 30-S ihre erste als Telebühne bezeichnete Leiterkonstruktion mit um 8 Grad absenkbarer Teleskopführung. Der vierteilige 30 m hohe Leitersatz mit Korbsteuerung ruhte auf einem Mercedes-Benz 2224 6x4 mit 240 PS Leistung.

an geht es wieder steil bergauf. 1952 läuft die Produktion von völlig neu entwickelten Flugfeldlöschfahrzeugen (FLF) nach den Vorgaben der Arbeitsgemeinschaft Deutscher Verkehrsflughäfen an. Die FLF 25 führen 2000 Liter Wasser, 200 Liter Schaum und 180 Kilogramm Löschpulver mit. Die Feuerlöschkreiselpumpe hat eine Leistung von 2500 Liter pro Minute und einen Betriebsdruck von 8 bar. Ihr Antrieb erfolgt durch den Fahrzeugmotor. Mit einem separaten Pumpenantrieb ist dagegen bereits das größere FLF 30 ausgerüstet, bei dem der Löschangriff somit schon während der Fahrt eingeleitet werden kann.

1955 baut Metz für China mehrere Drehleitern mit der für die damalige Zeit atemberaubenden Steighöhe von 52 m. Ein Jahr später werden nahezu identische Leitern auch ins tschechische Brno und nach Buenos Aires geliefert. 1957 geht mit der DL 60+2 die weltweit höchste Drehleiter erneut nach China. Sie ist auf einem Kaelble-Dreiachser-Fahrwerk montiert und selbst im eingefahrenen Zustand noch stattliche 11,50 m lang.

1959 bringt das Unternehmen die erste vollhydraulische Drehleiter auf den Markt. Die beiden ersten Fahrzeuge gehen an die Berufsfeuerwehr Hamburg, die sich in der Vergangenheit für neue Innovationen besonders offen gezeigt hat. Da andere Feuerwehren der Vollhydraulik noch sehr skeptisch gegenüberstehen, bleibt die alte Technik allerdings weiterhin im Programm. 1961 verlassen Alfred und Karl Bachert aus Altersgründen das Unternehmen. Doch auch unter der neuen Führung wird weiterhin viel Geld in die Forschung investiert. Im Jahr 1967

Auch der Teleskopmast hat längst bei Metz Einzug gehalten. Die B32 genannte Hubrettungsbühne besitzt als Topmodell einen um 7 Grad negativ zu neigenden Mast, so dass sie auch im bodennahen Bereich für Bergungsarbeiten eingesetzt werden kann.

Seit vielen Jahrzehnten bewähren sich Metz-Drehleitern rund um den Erdball. Die Abbildung zeigt die mit einer speziell für den nordamerikanischen Markt entwickelten L32 Raptor bestückte Ladder 1 des Victoria Fire Departments in British Columbia.

Die 2007 vorgestellte L 32 A mit absenkbarem Korbsegment ist die innovativste Gerüstleiter im Programm von Metz Aerials. Entsprechend aufwändig erfolgte ihre Inszenierung.

stellt Metz die erste Drehleiter mit Selbststeuerkorb vor, mit dem vor allem die Bergung von Personen in großen Höhen wesentlich vereinfacht wird. Damit die Geretteten den Korb auch bequem am Boden verlassen können, kann der Drehturm erstmals bis unter die Horizontale abgesenkt werden. Bereits zwei Jahre später kann die gesamte Drehleiter vom Korb aus gesteuert werden. Zur gleichen Zeit erhält Metz vom Flughafen Frankfurt/Main den Entwicklungsauftrag für ein neuartiges Flugfeldlöschfahrzeug. Auf einem 8x8-Fahrwerk von FAUN entstehen zwei der damals weltweit größten Flughafengroßtanklöschfahrzeuge, die mehr als zwanzig Jahre im Einsatz bleiben werden. Ihr Fahrmotor leistet 1000 PS; die mitgeführten Löschmengen betragen 18.000 Liter Wasser und 1800 Liter Schaum!

1976 erhält das Unternehmen mit den Kaelble-Miteigentümern Schad neue Besitzer. Drei Jahre später leistet Metz wieder einmal Pionierarbeit im Bereich der Hubrettungstechnik: Erstmals wird an einer für den Export bestimmten hydraulischen 53-m-Drehleiter ein zwangsgesteuerter Rettungskorb montiert. 1980 wird in Verbindung mit diesem Korb eine „schwenkbare Krankentragenlagerung" angeboten, welche die Bergung von verletzten Personen in einer liegenden Position ermöglicht. 1984 übernimmt die Krupp-Tochter Total Walther Feuerschutz GmbH die Feuerwehrsparte der Metz-Gruppe.

1990 kann mit der DLK 23-12 PLC die erste elektronisch gesteuerte Drehleiter vorgestellt werden. Noch im selben Jahr wird Metz wieder ein selbsttätiges Unternehmen. Doch schon im großen Jubiläumsjahr 1992 übernimmt mit der Langbein-Pfannhauser-Werke AG ein neuer Eigentümer das Firmenruder. Dennoch kann mit der neuen DLK 18 FA das erste kombinierte Drehleiter-Löschfahrzeug präsentiert werden. 1996 erwirbt Metz in Ostdeutschland das traditionsreiche Feuerlöschgerätewerk Luckenwalde, in dem fortan die Lösch- und Rüstwagenfertigung erfolgt. 1998 geht Metz auf die Rosenbauer International AG über und firmiert seitdem als „Metz Aerials" mit dem ausschließlichen Produktionsstandort Drehleiterbau in Karlsruhe.

Einen Meilenstein in der Hubrettungstechnik bringt Metz Aerials im Jahr 2005 mit der 32-m-Drehleiter B32 auf den Markt. Die Gemeinschaftsentwicklung mit WUMAG (heute Palfinger) ist komplett CAN-Bus-gesteuert und setzt im Bereich Sicherheit und Bedienlogistik neue Maßstäbe. Ihre Weiterentwicklung ist die nur ein Jahr später vorgestellte L32, die mit einem völlig neuentwickelten Hochleistungs-Hydrauliksystem an den Start geht. Mit einer Aufrüstzeit von nur 70 Sekunden, der Joystick-geführten Bedieneinrichtung sowie dem für die Bergung aus Gräben um 22 Grad absenkbaren Leitersatz, gilt die L32 als eines der innovativsten Hubrettungsmodelle weltweit. 2012 „schiebt" Metz Aerials mit der B42 eine vorrangig für die Werkfeuerwehren bestimmte höhere Variante der B32 nach. Nach Magirus ist Metz Aerials heute der zweitgrößte Hersteller von Drehleitern weltweit.

Minimax

Die heute in Bad Oldesloe ansässige Firma Minimax zählt zu den bekanntesten Herstellern von stationären Feuerlöschge-

Als einer der bekanntesten Feuerlöscherhersteller der Welt, zeichnete die Firma Minimax vor allem für den Aufbau von Klein- und Trockenlöschfahrzeugen, wie dieses hier gezeigte TroLF 750 auf einem Unimog S 404.1-Fahrgestell, verantwortlich.

räten. Namensgeber für das Unternehmen ist die von Firmengründer Wilhelm Graff im Jahr 1902 patentierte „Minimax-Spitztüte", die als erster massentauglicher Feuerlöscher die Bekämpfung von Kleinbränden revolutioniert hat. Bereits 1905 beträgt die Jahresproduktion stolze 65.000 Feuerlöscher, so dass in Neuruppin ein größeres Werk bezogen werden muss. Nur ein Jahr später steigt Minimax zum Weltmarktführer auf und betreibt Auslandsgesellschaften in Europa und den USA. Die ersten Schaumgeneratoren werden 1926 auf den Markt gebracht. Nur ein Jahr später entwickelt man zusammen mit Krupp das europaweit erste mit einer Schaummittellöschanlage ausgestattete Flugfeldlöschfahrzeug. Um 1938 wird die Firma in eine Aktiengesellschaft umgewandelt. Nach der kriegsbedingten Zerstörung des Berliner Stammsitzes und der Enteignung des Feuerlöscherwerkes in Neuruppin durch die sowjetischen Besatzer, wird das Unternehmen 1945 in der Westzone neu aufgebaut. Im Jahr 1953 eröffnet Minimax in Bad Urach die seinerzeit modernste deutsche Fabrik für stationäre Brandschutztechnik. Gleichzeitig wird der Geschäftsbereich Fahrzeugausstattung intensiviert und eine speziell für kleinere Feuerwehrfahrzeuge entwickelte Produktlinie aufgebaut. In der Wirtschaftswunderzeit gehört Minimax zu den führenden Ausstattern von leichten Löschfahrzeugen auf Basis von VW T1 oder Ford FK 1000.

Für die spezielle Gefahrenabwehr der Werkfeuerwehren stand Minimax seit jeher mit einer breiten Palette an Löscheinrichtungen parat. So auch bei diesem 1962 auf Magirus-Deutz F Jupiter aufgebauten SLF 24/50, das mit zwei Minimax-Werfern mit 2400 l/min und 1600 l/min bestückt wurde.

1959 erhält das erste universell einsetzbare ABC-Feuerlöschpulver seine amtliche Zulassung, was vor allem die nichtprofessionelle Brandbekämpfung vereinfacht.

1967 entsteht in Bad Oldesloe ein eigenes Forschungsinstitut für Brandschutz. Zwei Jahre später geht das Unternehmen in den Besitz des Montangiganten PREUSSAG über, der es mit der konzerneigenen Selbsttätigen Feuerlöschanlagen Gesellschaft Hamburg verschmelzt. 1970 kann das Feuerlöschergeschäft der Marke „Favorit" übernommen werden. Durch die verstärkte Konzentration auf den stationären Brandschutz rückt die Sparte „Individuelle Fahrzeugausstattung" immer mehr in den Hintergrund und wird schließlich ganz aufgegeben. Seit 2014 gehört Minimax zum dänischen Investor Kirkbi und betreibt weiterhin ein dichtes Netz aus Regionalbüros und Zweigniederlassungen rund um den Globus

Rosenbauer

Die Rosenbauer International AG mit Sitz im österreichischen Leonding ist einer der weltweit führenden Hersteller von Feuerwehrfahrzeugen.

Die Keimzelle des heutigen Global Players bildet das von Handwerksmeister und Feuerwehrmann Johann Rosenbauer im Jahr 1866 in Linz gegründete „Handelshaus für Feuerwehrartikel", das neben Handdruckspritzen, Schläuchen und Uniformen, auch Waffen sowie Sport- und Spielgeräte verkauft. 1868 entwickelt Rosenbauer die erste mehrteilige Feuerwehrleiter, die im Einsatz von nur zwei Feuerwehrmännern aufgebaut werden kann und ihren Erfinder weit über Oberösterreich hinaus bekannt macht. 1884 wird ein größeres Ladenlokal bezogen und das Unternehmen in „Erstes oberösterreichisches Feuerwehr-Ausrüstungs-Geschäft und Fabrik-Niederlage von technischen Gummi- und Asbestwaren Johann Rosenbauer" umbenannt. Zwei Jahre später gelingt es Rosenbauer, den Alleinvertrieb der E.C. Flader Spritzen-Pumpen-Schlauchfabrik für Österreich zu übernehmen. Flader gehört zu diesem Zeitpunkt zu den führenden Feuerwehrgeräteherstellern im deutschsprachigen Raum.

1888 übernimmt Sohn Konrad Rosenbauer die Geschäftsleitung und richtet das Unternehmen noch stärker auf den Feuerwehrbedarf aus. 1898 konstruiert Rosenbauer einen von Pferden gezogenen Rettungswagen für die Feuerwehr Linz, der vom befreundeten Linzer Wagnermeister Johann Drobil gebaut wird.

1906 geht das Unternehmen eine geschäftliche Partnerschaft mit dem Ingenieur Heinrich Kneitschel ein, der zuvor als Produktionsleiter bei Flader gearbeitet hat. Unter der Bezeichnung „Fabrik für Lösch- & Wehrgeräte & Metallwaren Konrad Rosenbauer & Kneitschel" wird noch binnen Jahresfrist mit der Lizenzfertigung der in Deutschland von Hermann Koebe entwickelten Abprotzspritze – eine Handpumpe, die auf einem eigenen einachsigen Wagen, der Prot-

Für den Feuerschutz auf Militärflugplätzen stellte das österreichische Bundesheer in den 1960er Jahren eine größere Anzahl dieser von Rosenbauer aufgebauten TLFA 3000 auf dem Fahrgestell eines dreiachsigen Steyr 680 A in Dienst.

Mit der ersten Generation des Flugfeldlöschfahrzeugs Panther setzte Rosenbauer nicht nur ein Ausrufezeichen in Sachen Design, sondern machte mit der großflächigen Verwendung von GfK-Bauteilen auch die Kunststoffkarosserie im Feuerwehrfahrzeugbau salonfähig.

Beim aktuellen Panther blieb man der progressiven Optik ebenfalls treu, auch wenn das frühere Alleinstellungsmerkmal durch die Design-Anstrengungen der Konkurrenz inzwischen teilweise verloren gegangen ist.

Die Rosenbauer-Rettungstreppe E 8000/E 3000 ist ein speziell entwickeltes Einsatzfahrzeug zur raschen Evakuierung von Flugzeugpassagieren. Zugleich wird Einsatzkräften und Notfallmedizinern ein sicherer Zugang in das Flugzeuginnere ermöglicht.

Rosenbauer-Löschgiganten für die Feuerwehr Aarhus in Dänemark. Die für den Brandschutz im dortigen Hafengebiet gebauten Industrielöschfahrzeuge ILF 8200/5000 mit HRET-Löscharm Typ Stinger gehören zu den größten Löschfahrzeugen in Europa.

ze, zum Brandplatz gezogen wird – mit dem Modellnamen „Triumph" begonnen, die sich auch in Österreich als großer Verkaufserfolg erweist. 1910 liefert Rosenbauer & Kneitschel die erste eigenentwickelte Dampfspritze an die Betriebsfeuerwehr der Papierfabrik Nettersdorf. Ihr folgt noch im selben Jahr die erste von einem Verbrennungsmotor angetriebene Kreiselpumpe für die k.u.k.-Staatsbahnen in Linz.

Einen weiteren wegweisenden Schritt wagen die Partner 1913 mit der Produktion des Spritzenfahrgeräts „Linz", bei dem es sich um eine motorisierte Kutsche mit Feuerwehraufbau handelt. 1914 verlassen bereits 60 Spritzen das Werk; etwa ein Viertel davon motorisiert. Ein Jahr später scheidet Heinrich Kneitschel aus gesundheitlichen Gründen aus dem Unternehmen aus, das seit dem Tod von Konrad Rosenbauer im Jahr 1909 von seiner Frau Luise Rosenbauer geführt wird.

Ab 1919 wendet sich das jetzt von Konrad Rosenbauer junior geführte Unternehmen dem Automobilbau zu. Nach Kriegsende stehen zahllose ehemalige Militärfahrzeuge nutzlos abgestellt herum, so dass sie Rosenbauer einer neuen Zukunft als Feuerwehrfahrzeug zuführen will. Der erste große Verkaufserfolg ist ein kombinierter Straßenspreng- und Tankspritzwagen. Darüber hinaus bieten die Linzer auch ein sogenanntes „Löschautomobil" sowie eine „Überland-Automobilspritze" an, die beide ebenfalls mit Spenderfahrzeug-bedingt wechselnden Fahrgestellen gebaut werden. Die große Nachfrage mündet schließlich in die Gründung einer eigenen Fahrzeugfabrik, wofür mit den Wiener Lohnerwerken ein kompetenter Automobilhersteller mit ins Boot geholt wird. 1922 erfolgt die Gründung der „Automobilspritzengesellschaft Lohner-Rosenbauer" mit Sitz in Wien, wo auch die Fahrzeuge montiert werden. Ein Jahr später erstaunt Lohner-Rosenbauer die Fachwelt mit der ersten stirnseitig montierten Feuerlöschpumpe und dem ersten, mit 2000- bzw. 3000-Liter-Löschwassertank lieferbaren Tanklöschfahrzeug. Hauptgeschäftszweig ist allerdings weiterhin die Produktion von Feuerspritzen, die von 100 verkauften Einheiten im Jahr 1924 auf 660 Stück im Jahr 1929 gesteigert werden kann. Ein Grund für die starke Expansion ist vor allem die 1923 entwickelte Tragkraftspritze, die den Aufbau einer Löschwasserversorgung am Einsatzort wesentlich vereinfacht.

1926 liefert Lohner-Rosenbauer die ersten Fahrzeuge nach China, Japan und Siam aus. Zudem ist die Firma Rosenbauer mit ihrem Kerngeschäft bereits auf dem Balkan, im Baltikum, in Skandinavien und im vorderen Orient präsent. Im Jahr 1929 wird die Kooperation mit den Lohnerwerken beendet und in Wien ein eigenes Fahrzeugwerk eröffnet. Nur ein Jahr später läuft die Fertigung von eigenen Zweitaktmotoren als Antrieb für die Pumpen an. Großes Aufsehen erregt im selben Jahr die Präsentation des ersten geländegängigen Servicewagens auf einem Tatra-Fahrgestell. 1933 wird die erste kombinierte Wasser-Schaum-Motorspritze vorgestellt und mit den Planungen für die Produktion eines Dreirad-Lieferwagens begonnen, der schließlich von 1936 bis 1938 unter dem Markennamen „TRIO" als Lizenzmodell mit eigenem Zweitaktmotor vom Band läuft.

Noch vor Ausbruch des Zweiten Weltkriegs entwickelt sich das jetzt wieder unter „Konrad Rosenbauer OHG" firmierende Unternehmen zu einem der umsatzstärksten Feuerwehrzulieferer in Europa, so dass es von den Machthabern des Dritten Reiches als kriegswichtig eingestuft wird. 1943 konstruiert Rosenbauer die Tragkraftspritze TS 8 als zukünftige deutsche Einheitsbauart.

Nach dem Krieg sind weite Teile der Produktionsanlagen zerstört, so dass erst 1946 ein zögerlicher Neuanfang mit dem Umbau ehemaliger Wehrmachtsfahrzeuge beginnen kann. Zunächst werden allerdings Kochgeschirr und Wasserpumpen für den Hausgebrauch gefertigt. Mit der Einführung des Hochdrucklöschens, bei dem eine Spezialpumpe einen Strahldruck von 40 bar erzeugt, kann das Unternehmen bereits 1950 wieder an die Verkaufserfolge der Vorkriegszeit anknüpfen. 1952 wird zudem ein Frontlader für die Landwirtschaft in das Lieferprogramm aufgenommen. Die in Kooperation mit Steyr gebaute Landmaschine bleibt fast zehn Jahre im Angebot. Aus Kostengründen werden ab 1954 die Tragkraftspritzen von einem zugekauften VW-Industriemotor angetrieben. 1956 entstehen für das österreichische Bundesheer die ersten Flugfeldlöschfahrzeuge, denen zwischen 1959 und 1965 weitere für die Flughäfen Zürich, Wien und Tunis folgen. Vor allem das für Tunis gebaute Fahrzeug kann mit neuen Superlativen glänzen: Mit einem Löschwasservorrat von 11.000 Litern und einem eigenen Antriebsmotor für die Förderpumpe stellt es alle bislang auf dem europäischen Festland gebauten Feuerwehrfahrzeuge in den Schatten. Ebenfalls 1965 nimmt Rosenbauer Handelsbeziehungen mit dem Ostblock auf. Für Flughäfen

Der im Juni 2015 auf der Interschutz in Hannover offiziell vorgestellte neue Panther absolvierte seine Testeinsätze als erstes Feuerwehrfahrzeug in einer Tarnfolierung für Erlkönige, wie sie ansonsten nur für Pkw-Prototypen üblich ist. Dennoch konnte man bereits die komplett überarbeitete Frontpartie des mit 4x4- und 6x6-Fahrwerk erhältlichen neuen Rosenbauer-Flaggschiffs erkennen.

und chemische Betriebe werden auf Tatra 138-Fahrgestellen Sonderlöschfahrzeuge für die DDR, Polen und die Tschechoslowakei gefertigt. Viele Jahre gehören vor allem die DDR und Polen zu den wichtigsten Exportmärkten. 1968 werden Produktion und Firmensitz in das neue Werk in Leonding verlegt. Ein Jahr später erscheint das erste Löschfahrzeug mit der automatischen Schaumzumischung „Foamatic".

Anfang der 1970er Jahre ist Rosenbauer fast auf dem gesamten Globus präsent. 1972 liegt der Verkaufserlös aus dem Exportgeschäft erstmals über dem des Inlandes. Im Jahr 1975 setzt das neue Containerrüstfahrzeug RFC ein Ausrufezeichen. Erstmalig ist die gesamte Ausrüstung in auswechselbaren Behältern verstaut, was eine schnelle Anpassung an den jeweiligen Einsatzzweck ermöglicht. Noch im selben Jahr wird für die Leuna-Chemie in Ostdeutschland ein Schaumlöschfahrzeug SLF 18000 auf einem Tatra 813-Allradfahrgestell gebaut, das seinerzeit das größte von Rosenbauer gebaute Feuerwehrfahrzeug darstellt.

Fünf Jahre später verbindet Rosenbauer maximale Leistung mit extravagantem Design: Mit dem „Simba" erscheint ein betont futuristisch gezeichnetes Flugfeldlöschfahrzeug, das sehr schnell zum Imageträger der Marke wird. Das neue Spezialfahrzeug basiert auf einem Allrad-Fahrgestell des deutschen Anbieters Titan und zeichnet sich durch ein enormes Beschleunigungsvermögen und eine Höchstgeschwindigkeit von 100 km/h aus. Damit ist Rosenbauer im hart umkämpften Flughafengeschäft wieder konkurrenzfähig, das seit fast einem Jahrzehnt von der übermächtigen Konkurrenz aus Großbritannien und USA beherrscht wird. Dennoch gerät Rosenbauer 1985 in eine existenzbedrohende Krise. Der Personalstand muss binnen drei Jahren von 800 auf 560 Mitarbeiter reduziert werden.

Erst zu Beginn der 1990er Jahre geht es wieder bergauf. 1991 kann der niederländische Feuerwehrgerätehersteller Kronenburg übernommen werden. Außerdem wird mit dem Mittelmotor-Flugfeldlöschfahrzeug „Panther" ein neues Flaggschiff präsentiert, das mit seinem markanten Äußeren zu „dem" Flugfeldlöschfahrzeug schlechthin avanciert. 1995 weitet das Unternehmen seinen Vertrieb auf den US-amerikanischen Markt aus. Drei Jahre später wird der Drehleiterspezialist Metz übernommen.

Neben diversen Neuentwicklungen im Werkstoffbereich und in der Löschmitteltechnik, bringt Rosenbauer im Jahr 2005 die zweite Panther-Generation auf den Markt. Das gemeinsam mit MAN entwickelte Fahrzeug verfügt über ein extrem wendiges 8x8-Fahrwerk, dessen 1000 PS starker Antrieb nun im Heck statt in der Fahrzeugmitte verbaut ist. Eine 6x6-Ausführung wird wenig später nachgeschoben. Als weitere Innovation erscheint 2009 die „Rosenbauer Rettungstreppe", die auf verschiedenen Flughäfen in Deutschland, Frankreich, Südkorea und Saudi-Arabien zum Einsatz kommt. Die auf Originalfahrwerken von MAN und Mercedes-Benz aufgebaute Fahrtreppe dient der schnellen Evakuierung von Flugzeugen und ist binnen 70 Sekunden einsatzbereit.

Aktuell beschäftigt Rosenbauer 2600 Mitarbeiter. Mit einem Umsatz von 700 Millionen Euro in 2013 und einer Marktpräsenz in mehr als 100 Ländern gehört die mehrheitlich in Familienbesitz befindliche Aktiengesellschaft heute zu den weltweit führenden Anbietern von Spezialfahrzeugen.

Schlingmann

Die Firma Schlingmann in Dissen zählt ebenfalls zu den bekanntesten Herstellern von Feuerwehrfahrzeugen in Deutschland. Im Jahr 1880 von Heinrich Schlingmann als Stellmacherbetrieb gegründet, wendet sich das Unternehmen bereits 1926 der Herstellung von Lkw-Aufbauten zu. 1936 wird das erste Feuerwehrfahrzeug an die Freiwillige Feuerwehr Dissen geliefert – ein kombinierter Mannschafts- und Gerätewagen auf einem Opel Blitz-Fahrgestell.

Einen Meilenstein in der Firmengeschichte stellt 1952 die Fertigung des ersten TLF 15 in Omnibusbauweise dar. Das auf

Um ein LF 10/6 mit 1000 l Wasser und 120 l Schaummittel handelt es sich bei diesem modernen Spross der Schlingmann-Produktion. Basisfahrzeug ist ein Mercedes-Benz Atego 976 mit Allradantrieb, der das mittelgroße Löschgruppenfahrzeug zu einem universell verwendbaren Einsatzfahrzeug macht.

einem Magirus-Fahrgestell basierende Tanklöschfahrzeug gehört zu den innovativsten Feuerwehrfahrzeugen der Nachkriegszeit und verfügt bereits über einen 2400 Liter fassenden Löschwassertank und eine Kreiselpumpe FP 15/8 von Meyer/Hagen. Nur ein Jahr später erweitert man die Produktpalette um ein LF 8 und ein TLF 8, die wahlweise auf Borgward-, Ford- oder Opel-Fahrgestellen lieferbar sind. Ab 1959 kann alternativ auch ein Fahrgestell von Mercedes-Benz geordert werden. Mit der Erhöhung des zulässigen Gesamtgewichts des LF 8 auf 7,5 Tonnen und der wahlweisen Zulassung von Allradantrieb, führt Schlingmann 1965 das LF 8 auf Basis des „großen" Mercedes Benz LAF 710 ein.

Im Jahr 1966 bringen die Dissener die ersten GW-Öl und GW2-Öl als Vorläufer der heutigen Rüstwagen auf den Markt. 1973 erfolgt die Erweiterung des Firmensitzes. Eine größere Fertigungshalle und eine neue Lackiererei erlauben jetzt deutlich höhere Stückzahlen. Nur ein Jahr später stellt man mit dem HiLF 16 das erste Hilfeleistungslöschgruppenfahrzeug vor, das zum Referenzfahrzeug für das ab 1980 vorgenormte LF 24 wird. Der an die Berufsfeuerwehr Wilhelmshaven ausgelieferte 16-Tonner besitzt einen 2400-Liter-Löschwassertank, einen 200-Liter-Schaummitteltank, eine FP 16/8, einen Lichtmast sowie eine speziell für Hilfeleistungseinsätze zusammengestellte Beladung. Nachdem bereits in den Jahren 1971 und 1972 zwei Rüstwagen auf Unimog-Fahrgestellen an den Landkreis Friesland geliefert worden sind, entwickelt Schlingmann 1976 das TLF 8 (W) auf Basis des Unimog 416. Da sich während der Waldbrandkatastrophe in Niedersachsen ein hoher Bedarf für geländegängige Tanklöschfahrzeuge gezeigt hat, wird dieser Typ schließlich als „Technische Weisung des Landes Niedersachen" im Feuerwehrdienst eingeführt.

Im Jahr 1984 kann das erste genormte LF 24 an die Berufsfeuerwehr Wuppertal ausgeliefert werden. Das mit einer Wandler-Schaltkupplung ausgestattete Fahrzeug

Für das weltberühmte griechisch-orthodoxe Kloster Vatopedi auf dem Berg Athos fertigte Schlingmann im Jahr 2009 dieses TLF 5000 mit einem Löschmittelvolumen von 5000 l Wasser und 400 l Schaummittel. Als Fahrgestell des in enger Kooperation mit Mercedes-Benz entstandenen Allradlers diente ein Unimog U 5000.

verfügt über einen Löschmittelvorrat von 1600 Litern Wasser und 200 Litern Schaummittel. Für Hilfeleistungseinsätze sind unter anderem eine Rotzler-Seilwinde 50kN sowie ein 20 kVA-Generator an Bord. Auf der Messe Interschutz 1988 zeigt Schlingmann das erste Fahrzeug mit tiefgezogenen Geräteräumen G1/G2. Gleichzeitig führt man den „pneumatischen Auftritt" ein, der einen durchgehenden Rollladen im tiefgezogenen Bereich erlaubt. Damit ist es möglich, auch in beengten Einsatzsituationen die Beladung im unteren Bereich zu entnehmen. Die nächste technische Innovation gilt der Verwendung neuartiger Verbundwerkstoffe: Zur Gewichtsreduzierung bei den Großtanklöschfahrzeugen wird 1992 der Aufbau des TLF 24/50 in GfK-Bauweise ausgeführt. Schlingmann gehört zu diesem Zeitpunkt bereits zu den drei wichtigsten Feuerwehrausrüstern in Deutschland. Als nächster Schritt wird die bereits seit 1970 als Zulieferer tätige Kemner GmbH im Jahr 1993 als hundertprozentige Tochtergesellschaft eingegliedert.

Außerdem nutzt das Unternehmen ein Jahr später die sich durch die Wiedervereinigung bietende Chance zur Expansion und eröffnet ein neues Zweigwerk in Burgstädt bei Chemnitz. Hier werden insbesondere die Fahrzeugtypen TSF-W und MLF gefertigt.

Mit dem 2002 vorgestellten „QuadraVA" genannten Aufbausystem betritt Schlingmann erneut Neuland im Bereich der Werkstoffauswahl. Durch die Kombination aus einem geschweißten Edelstahlgerippe mit Aluminiumbeplankung im Innen- und Außenbereich, kann die Stabilität des Aufbaus um ein Vielfaches gesteigert werden. Die als Ergebnis der höheren Festigkeit des Edelstahls reduzierten Wandstärken ermöglichen eine deutliche Gewichtsreduzierung des Aufbaus und somit mehr Nutzlast. 2012 führt Schlingmann zudem eine vergrößerte Mannschaftskabine mit Sicherheitsfahrgastzelle ein, womit erstmals auch die passive Sicherheit der Fahrzeugbesatzung in den Vordergrund gestellt wird.

Das aktuelle Fahrzeugprogramm des nach wie vor in Familienbesitz befindlichen Unternehmens reicht von Tragkraftspritzenfahrzeugen über kompakte Staffellöschfahrzeuge bis hin zu universellen Hilfeleistungslöschfahrzeugen und Tanklöschfahrzeugen.

Ziegler

Die seit 2013 zum chinesischen Nutzfahrzeug- und Logistikkonzern CIMC gehörende Albert Ziegler GmbH hat ihren Ursprung in der Schlauchweberei. 1891 nimmt Albert Ziegler mit fünf Flachwebstühlen, acht Arbeitern und zwei kaufmännischen Angestellten die Produktion von Feuerwehrschläuchen auf, die bereits 1894 auf der Weltausstellung in Antwerpen eine Auszeichnung erhalten.

Im Jahr 1925 stellt Ziegler auf dem Württembergischen Landesfeuerwehrtag die erste Tragkraftspritze vor. Fünf Jahre später entwickelt man die erste Schlauchwaschmaschine und verkürzt damit die Nachsorgezeit eines Einsatzes beträchtlich. 1940 bringt Ziegler als erste Firma in Deutschland das Druckbegrenzungsventil auf den Markt. 1951 erfolgt die Umstellung der Schlauchweberei von Flachwebstühlen auf moderne Rundwebautomaten. 1952 fertigt das Unternehmen die erste von einem VW-Industriemotor angetriebene Tragkraftspritze TS 8/8.

1953 gelingt die erstmalige Fertigung von Ziegler-Feuerwehrschläuchen aus Kunstfasern. Noch im selben Jahr feiert auch der Fahrzeugbau seine Geburtsstunde: Mit einem KLF 6 auf einem Opel Blitz-Fahrgestell beginnt die Erfolgsgeschichte als Hersteller von Feuerwehraufbauten. Bereits 1954 wird das Fahrzeugangebot um einen TSF 8 und LF 8 erweitert. Beim Fahrgestell kann zwischen Ford FK 1000, Opel Blitz und VW T1 gewählt werden.

1958 lässt Ziegler die erste vollautomatische Schlauchaufhängevorrichtung patentieren. Ein Jahr später werden mit LF 16 und LF 16 TSA auch zwei größere Löschgruppenfahrzeuge ins Lieferprogramm aufgenommen. Hinzu kommt das erste, mit einem eingebauten Wassertank ausgestattete TLF 8. Ab 1961 ist auch ein TLF 16 zu haben.

Durch die Einführung eines neuen Kabinendesigns, das unter dem Markennamen „Z-Cab Evolution" vertrieben wird, wirken die von Ziegler aufgebauten Löschfahrzeuge deutlich progressiver als bisher. Für mehr Komfort und Sicherheit können sie mit zahlreichen Individualpaketen geordert werden.

Vergleichsweise spät, aber dennoch erfolgreich, betrat Ziegler die Bühne der Flugfeldlöschfahrzeuge. Vor allem der hier gezeigte Z8 erwarb sich sehr schnell den Ruf eines ebenso leistungsfähigen, wie zuverlässigen Spezialfahrzeugs.

1962 wird der zehnmillionste Meter Feuerwehrschlauch gewebt. Im Jahr darauf läuft die Produktion von Öl-Gerätewagen an. 1964 kommt die Fertigung von Trockenlöschfahrzeugen, Rüstwagen und Schlauchwagen hinzu. 1967 feiert die von Ziegler entwickelte und patentierte Feuerlöschpumpenentlüftung „Trokomat" Premiere. Nur drei Jahre später stattet Ziegler seine Löschfahrzeuge mit der ersten eigenen Hochdruckpumpe aus. Einen weiteren wichtigen Innovationsschritt stellt 1975 die Einführung von Wechselaufbauten in Form eines Containersystems dar. Sechs Jahre später liefert Ziegler den ersten selbstentwickelten Schaum-/Wasserwerfer aus. Ihm folgt die serienmäßige Fertigung von Mannschaftsraumaufbauten mit GFP-Außenhaut. 1992 reiht sich Ziegler mit dem Z8 in den Kreis der Hersteller von ultrastarken Flugfeldlöschfahrzeugen ein. Basis des 12 m langen und 3 m breiten Kraftpakets ist ein 8x8-Titan-Fahrgestell mit einer Motorleistung von 1000 PS. Später kommt mit dem Z6 noch eine 6x6-Ausführung mit 680 PS Leistung hinzu. Der Pumpenantrieb erfolgt über einen separaten V6-Motor. In der stärksten Ausführung erreicht die Feuerlöschkreiselpumpe eine Nennleistung von 10.000 Liter pro Minute. Die Löschmittel können so bei voller Ausstoßrate in weniger als 1,5 Minuten aus einem bis zu 13.500 Liter fassenden Löschwassertank ausgebracht werden; je nach Einsatzszenario über einen Löschgelenkarm, einen Frontwerfer oder zusätzlich über eine Selbstschutzanlage. Beide Versionen sind straßentauglich und damit auch bei Großschadensereignissen außerhalb des Airports einsetzbar.

Im Jahr 1997 wird das neue Alupaneel-System „ALPAS" eingeführt. 2007 geht mit dem FLF Z8 XXL eine neue Generation des inzwischen bei vielen Flughafenfeuerwehren bewährten Z8 an den Start. Das 49 Tonnen schwere Flugfeldlöschfahrzeug leistet jetzt 1400 PS und beschleunigt in nur 21 Sekunden auf Tempo 80 km/h. Das neue Ziegler-Flaggschiff erreicht auf den Start- und Landebahnen eine Höchstgeschwindigkeit von 140 km/h und ist damit das schnellste Feuerlöschfahrzeug weltweit.

2010 stellt Ziegler auf der Feuerwehrmesse Interschutz mit der „Z-Cab" eine völlig neu entwickelte Gruppenkabine vor. Der Mannschaftsraum besteht dabei aus einer CFK-Hülle mit innenliegendem Aluminiumgerippe. Dieses Konstruktionsprinzip garantiert geringes Gewicht bei maximaler Steifigkeit und Korrosionsbeständigkeit. Der modulare Aufbau erlaubt zudem den einfachen Austausch von beschädigten Teilen.

2011 gerät das Unternehmen als Folge einer Kartellstrafe in finanzielle Schieflage, die trotz voller Auftragsbücher nicht aufgefangen werden kann. Im August 2011 wird das Insolvenzverfahren eröffnet. Dennoch wartet Ziegler 2012 mit einer weiteren Innovation auf: Für einen Straßentunnel in Kroatien kann das weltweit erste elektrisch betriebene Tunnelrettungsfahrzeug mit zwei Fahrerkabinen fertiggestellt werden. Das „Merkur" genannte Modell verfügt über zwölf Fahrgastplätze, die allesamt mit Atemschutzmasken ausgestattet sind.

2013 wird Ziegler vom chinesischen CIMC-Konzern übernommen. Neben Feuerwehrfahrzeugen fertigt und verkauft Ziegler als deutscher Marktführer weiterhin feuerwehrtechnisches Zubehör wie Einsatzkleidung, Pumpen und Löschsysteme. Von den insgesamt rund 1000 Belegschaftsmitgliedern sind rund 650 am Stammsitz in Giengen an der Brenz (Baden-Württemberg) beschäftigt. Produktionsstandorte befinden sich in Deutschland zudem in Rendsburg (Schleswig-Holstein) und Mühlau (Sachsen) sowie im Ausland in Holland, Italien, Kroatien, Spanien und Indonesien.

Kapitel 2

Feuerlöschfahrzeuge

BAG inside
112
FEUERWEHR

Als Löschfahrzeuge werden Feuerwehrfahrzeuge bezeichnet, deren vorrangigste Aufgabe die Bekämpfung von Bränden ist. Darüber hinaus werden sie auch für die Rettung von Menschen und Tieren sowie für technische Hilfeleistungen kleineren bis mittleren Umfangs eingesetzt. Neben den nachfolgend aufgeführten genormten Löschfahrzeugen, gibt es auch eine Reihe nicht genormter Löschfahrzeuge. Die Ausrüstung dieser als Sonderlöschfahrzeuge bezeichneten Spezialisten ist ganz auf die individuellen Einsatzbedingungen ihres Bestellers abgestimmt. Folglich werden derartige Fahrzeuge in der Regel nur von Werkfeuerwehren bzw. öffentlichen Feuerwehren mit Spezialauftrag (z.B. Gefahrenabwehr in Industriebetrieben) vorgehalten.

Ab 1961 erhielt der Ford FK 1000 die Bezeichnung „Transit". Hier ein TSF, das ursprünglich zur Freiwilligen Feuerwehr im oberfränkischen Ahorntal gehörte.

Tragkraftspritzenfahrzeug (TSF)

Das Tragkraftspritzenfahrzeug ist ein in Deutschland in zwei Bauformen genormtes Löschfahrzeug, das mit einer entnehmbaren Tragkraftspritze (800 l/min) zur Brandbekämpfung beladen ist. Es verfügt daher grundsätzlich nicht über einen eingebauten Löschwassertank, so dass der Löschangriff erst nach dem Aufbau einer externen Wasserversorgung eingeleitet werden kann. Die feuerwehrtechnische Beladung entspricht der des früheren LF 8 und ist somit für eine Gruppe ausgelegt. Die Besatzung besteht aus einer sechsköpfigen Staffel. Zur Normbeladung gehören unter anderem Atemschutzgeräte und eine vierteilige Steckleiter. Als Trägerfahrzeug dient ein Straßenfahrgestell mit Großserienaufbau.

Kleinlöschfahrzeug (KLF)

Das Kleinlöschfahrzeug ist das kleinste genormte Löschfahrzeug mit eigener Wasserversorgung. Es dient vorrangig zur Brandbekämpfung und ist mit einer Staffel besetzt. Zu seiner Normausstattung gehören eine Tragkraftspritze, eine Schnellangriffseinrichtung sowie ein Löschwassertank mit einem Nutzinhalt von mindestens 500 l. Die mitgeführte feuerwehrtechnische Beladung ist für eine Gruppe ausgelegt. Das KLF basiert im Normalfall auf einem seriennahen Kastenwagen mit Straßenantrieb. Gemäß der seit September 2012 überarbeiteten Norm darf das Kleinlöschfahrzeug auch für den Innenangriff eingesetzt werden, sofern zuvor eine feste externe Wasserversorgung aufgebaut worden ist.

Mittleres Löschfahrzeug (MLF)

Das früher auch als Staffellöschfahrzeug (StLF) bezeichnete Mittlere Löschfahrzeug verfügt über einen eingebauten Löschwassertank mit einem Fassungsvermögen von min. 1000 l und eine fest im Fahrzeug montierte Feuerlöschkreiselpumpe. Das mit einer Staffel besetzte Fahrzeug wird sowohl für den Erstangriff als auch für kleine bis mittlere technische Hilfeleistungen eingesetzt.

Löschgruppenfahrzeug (LF)

Als Löschgruppenfahrzeug wird in Deutschland ein Feuerwehrfahrzeug unterschiedlicher Größenordnung bezeichnet, das für den Transport einer neunköpfigen Gruppenbesatzung ausge-

Magirus Deutz S 3000 Löschgruppenfahrzeug der Freiwilligen Feuerwehr Sinzig-Franken

legt ist. Das Löschgruppenfahrzeug wird schwerpunktmäßig für die Bekämpfung von Bränden sowie für einfache technische Hilfeleistungen eingesetzt. Es ist mit einer vom Fahrzeugmotor angetriebenen, fest eingebauten Feuerlöschkreiselpumpe sowie einer Schnellangriffseinrichtung ausgestattet. Die feuerwehrtechnische Beladung ist für die taktische Feuerwehrgrundeinheit einer Gruppe ausgelegt. Für den Erstangriff ist ein von der jeweiligen Fahrzeuggröße abhängiger Löschwassertank vorhanden.

Hilfeleistungslöschgruppenfahrzeug (HLF)

Beim Hilfeleistungslöschgruppenfahrzeug handelt es sich um ein Löschgruppenfahrzeug mit erweiterter technischer Beladung. Zu seinen Aufgabengebieten gehören neben der Brandbekämpfung auch Verkehrsunfälle sowie Gefahrguteinsätze. Der erst seit seiner Normung im Jahr 2004 existierende Fahrzeugtyp hat seinen Ursprung in den Eigenkonstruktionen großer Feuerwehren, die schon in den 1970er Jahren normale Löschgruppenfahrzeuge zu universell einsetzbaren Hilfeleistungslöschfahrzeugen ertüchtigt haben. Hierdurch konnte in den meisten Fällen auf das zusätzliche Ausrücken eines Rüst- oder Gerätewagens verzichtet werden, so dass auch kleinere und mittlere Wehren dazu übergingen, das HLF als Universalfahrzeug zu beschaffen. Wie beim Löschgruppenfahrzeug ist auch hier eine Ausstattung mit Straßen- oder Geländefahrwerk zulässig.

Magirus Deutz 100D7 Tanklöschfahrzeug

Tanklöschfahrzeug (TLF)

Als Tanklöschfahrzeug wird ein der Brandbekämpfung und der Löschwasserversorgung gleichermaßen dienendes Feuerwehrfahrzeug bezeichnet, das zu diesem Zweck über einen großen Löschwasserbehälter und eine fest eingebaute Feuerlöschkreiselpumpe verfügt. Das TLF ermöglicht die Brandbekämpfung ohne eine externe Wasserversorgung, wie z.B. Hydrant oder Löschteich. Je nach Einsatzgebiet unterscheiden sich Bauform und Größe beträchtlich voneinander. Tanklöschfahrzeuge werden zumeist mit mehreren unterschiedlichen Löscheinrichtungen ausgestattet.

Gruppenbild: Hilfeleistungslöschgruppenfahrzeuge mit Aufbauten verschiedener Hersteller.

Magirus M27 LF 15 mit Magirus-Aufbau

Die ab 1934 für den Luftschutz beschaffte Einheits-Kraftspritze KS 15 war das erste in Großserie gebaute Löschgruppenfahrzeug in Deutschland. Ab 1943 erfolgte ihre Einordnung als LF 15, wobei es Modelle mit und ohne Vorbaupumpe gab. Alle Fahrzeuge erhielten im Zuge der nationalsozialistischen Neuorganisation des Feuerwehrwesens ab 1938 die tannengrüne Lackierung der Feuerschutzpolizei.

Mercedes-Benz L 1500 KzS 8 mit Metz-Aufbau

Bei der Kraftzugspritze KzS 8 bildeten Löschkraftwagen (LsKw) und Kraftspritzenanhänger, auf dem eine 800-l/min-Feuerlöschkreiselpumpe montiert war, eine Einheit. Die KzS 8 war das leichteste vom Reichsluftfahrtministerium für den Luftschutz in Auftrag gegebene Einheitslöschfahrzeug und nahm bereits wesentliche Ausstattungsmerkmale des späteren LF 8 vorweg. Als Fahrgestell diente ein Anderthalbtonner von Mercedes-Benz mit vergleichsweise bescheidenen 45 PS Leistung.

Boehringer Unimog U25 70200 LF mit Metz-Aufbau

Aus heutiger Sicht recht kurios wirkt dieses um 1950 entstandene Löschgruppenfahrzeug mit Vorbaupumpe und offener „Mannschaftskabine", für dessen Aufbau die Firma Metz verantwortlich zeichnete. Basisfahrzeug war ein noch von Boehringer in Göppingen gebauter Ur-Unimog mit 25 PS Leistung. Ab 1951 wurde die Unimog-Produktion von Mercedes-Benz übernommen und in das Werk Gaggenau verlagert.

Magirus-Deutz S 3500 TLF 15/50 mit Magirus-Aufbau

Einen Meilenstein in der Entwicklung der Tanklöschfahrzeuge stellte dieses 1950 von Magirus vorgestellte TLF 15/50 dar, das das bis dahin angebotene halboffene TLF 15/48 beerbte. Um die vom Omnibusbau inspirierte Linienführung nicht zu beeinträchtigen, hatte man die gesamte feuerwehrtechnische Ausrüstung innerhalb der Karosserie untergebracht. Das hier gezeigte Fahrzeug wurde 1952 von der Freiwilligen Feuerwehr Crailsheim beschafft.

Magirus-Deutz S 3500 TLF 15/50 mit Magirus-Aufbau

Um ein weiteres Feuerwehrfahrzeug im Omnibusdesign handelt es sich bei diesem 1952 für die Freiwillige Feuerwehr Soest gebauten TLF 15/50 aus Ulm. Im Gegensatz zu der ersten „Omnibusgeneration“ auf Basis des Rundhauber-Fahrgestells, verzichtete man auf eine möglichst geradlinige, reine Linienführung und bestückte die Ausrüstung teilweise wieder auf dem Dachaufbau.

Mercedes-Benz LAF 3500/42 TLF 15 mit Metz-Aufbau

Seiner Zeit weit voraus war dieses 1954 im Auftrag der Berufsfeuerwehr Karlsruhe von Metz gebaute TLF 15, das versuchsweise mit Rollläden vor den Geräteräumen ausgestattet wurde. Leider erwiesen sich die verwendeten Aluminiumlamellen im Alltag als schwergängig und wasserdurchlässig, so dass man es für viele Jahre bei diesem Einzelstück beließ.

Ford FK 3500 LF 8-TS mit Metz-Aufbau

Neben Opel war Ford nach dem Zweiten Weltkrieg der wichtigste Lieferant von Fahrgestellen für kleinere Feuerwehrfahrzeuge. Zu den Vertretern des sogenannten „Omnibusdesigns" gehört dieses 1955 von Metz gebaute Löschgruppenfahrzeug LF 8-TS auf Basis eines Ford FK 3500 mit V8-Motor und 100 PS Leistung.

Freiwillige Feuerwehr
Grefrath b./Krefeld

Mercedes-Benz LPF 131/36 LF 16 mit Metz-Aufbau

Zu den ersten Frontlenkerfahrzeugen zählt dieses LF 16 von Metz aus dem Jahr 1955, dessen 100 PS leistender Sechszylinder-Dieselmotor in der Fahrerkabine unter einer kastenförmigen Abdeckung zwischen Fahrer und Beifahrer Platz fand. Folglich entschieden sich nur wenige Wehren für diese Bauart und beschafften weiterhin die bewährten Langhauber.

Robur Garant 30 K LF-Lkw-TS 8-STA mit VEB Löschgerätewerk Görlitz-Aufbau

Speziell für die Freiwilligen Feuerwehren in der DDR begann 1956 die Fertigung eines neuen Löschfahrzeugtyps auf Basis des ein Jahr zuvor vorgestellten Robur Garant 30 K mit Allradtechnik. Der 60 PS starke Zweitonner wurde als Löschfahrzeug-Lkw-Tragkraftspritze 8-Schlauchtransportanhänger (LF-Lkw-TS 8-STA) eingruppiert und zeichnete sich durch eine universelle Verwendbarkeit und hohe Zuverlässigkeit aus.

Südwerke FL 45 LF 20 mit Metz-Aufbau

Für den Brandschutz in ihren Militärstützpunkten in der noch jungen Bundesrepublik setzten auch die Alliierten nach Ende des Zweiten Weltkriegs auf das technische Know-how deutscher Fahrzeughersteller. So auch die US-Streitkräfte, die gleich mehrere Serien unterschiedlicher Fahrzeugtypen bei Metz in Karlsruhe orderten. Die Abbildung zeigt ein auf einem Südwerke FL 45 aufgebautes LF 20, das amerikatypisch mit einer offenen 2000-l/min-Pumpe auf der rechten Fahrzeugseite und einem im Heckbereich montierten Wendestrahlrohr ausgerüstet wurde.

Ford FK 2500 LF 8 mit Heines-Aufbau

Auf der Frankfurter IAA 1955 stellte Ford eine aus mehreren Modellen von 2,5 bis 4,5 t bestehende neue Lkw-Generation vor. Für Feuerwehraufbauten fand fast ausnahmslos das leichteste Fahrwerk Verwendung, das von fast allen deutschen Aufbauherstellern als Basis für Löschgruppenfahrzeuge LF 8 angeboten wurde. Im Gegensatz zur „zivilen“ Ausführung, die mit einem neuen Zweitakt-Dieselmotor mit Roots-Kompressor ausgeliefert wurde, erhielten die Feuerwehrchassis einen konventionellen 100 PS leistenden V8-Vergasermotor. Das abgebildete Fahrzeug wurde 1959 von Heines in Gruiten gebaut und stand bei der Freiwilligen Feuerwehr Immerath im Dienst.

VW Typ 2 T1 TSF mit Metz-Aufbau

Als Bestseller der Transporterklasse war der VW Bulli auch als Feuerwehrwagen weit verbreitet. Vor allem kleine Ortsfeuerwehren entschieden sich für das äußerst zuverlässige und im Unterhalt sehr genügsame Fahrzeug, weshalb es nahezu von jedem Feuerwehrfahrzeughersteller als Tragkraftspritzenfahrzeug oder Mannschaftswagen angeboten wurde. Das hier gezeigte TSF stammte aus dem Jahr 1959 und verfügte noch über den leistungsschwächeren 30-PS-Motor.

Mercedes-Benz LF 3500/42 LF 15 und LF 311/42 LF 16-TS mit Metz-Aufbauten

Diese Abbildung zeigt zwei für die Wirtschaftswunderjahre typische Löschgruppenfahrzeuge auf Mercedes-Benz-Fahrgestellen: Links ein LF 15 noch mit geteilter Frontscheibe; rechts daneben ein LF 16-TS mit Vorbaupumpe und einer eingeschobenen Tragkraftspritze TS 8/8 anstelle des Löschwassertanks.

Mercedes-Benz LAF 322 LF 16 mit Metz-Aufbau

Der Mercedes-Benz-Kurzhauber galt neben seinem Pendant aus dem Hause Magirus-Deutz als das typische Löschgruppenfahrzeug der Wirtschaftswunderzeit. Die zeitgenössische Abbildung zeigt das 1958 von Metz auf einem 126 PS starken Allradfahrgestell aufgebaute LF 16 der Freiwilligen Feuerwehr Schwäbisch Gmünd.

Opel Blitz LF 8-TS mit Magirus-Aufbau

Um der erstarkten Konkurrenz aus Köln und Stuttgart Paroli bieten zu können, schickte Opel 1959 einen neuen Blitz mit moderner Panoramaverglasung und abgeschrägter Motorhaube ins Rennen. Der ausschließlich mit einem 70-PS-Benzinmotor lieferbare Schnelllastwagen wurde vor allem als LF 8 mit Tragkraftspritze ein Verkaufserfolg, wenngleich seine Verkaufszahlen nicht an die seines Vorgängers heranreichen konnten.

Mercedes-Benz LAF 322/36 TLF 16 mit Metz-Aufbau

Die ab 1959 gebauten Mercedes-Benz-Kurzhauber gehören zu den erfolgreichsten Nutzfahrzeugmodellen überhaupt und sind noch heute aus dem Bestand vieler Freiwilliger Feuerwehren nicht wegzudenken. Das Foto zeigt ein im Jahr 1960 von Metz gebautes TLF 16 mit Vorbaupumpe, das von der Werkfeuerwehr der Klöckner Pentaplast in Heiligenroth eingesetzt wurde.

Magirus-Deutz F Mercur 150 LF 16-TS mit Magirus-Aufbau

Ab 1962 ersetzte Magirus-Deutz die im Feuerwehrfahrzeugbau bewährten Rundhauber durch eine neue, eckigere Fahrgestellgeneration. Das hier vorgestellte LF 16-TS stammt aus dem ersten Modelljahr und ist mit einer 1600-l/min-Vorbaupumpe und einer eingeschobenen Tragkraftspritze TS 8/8 ausgerüstet. Angetrieben wird das markante Standardlöschfahrzeug von einem Deutz-typischen luftgekühlten Sechszylinder-Dieselmotor mit 150 PS Leistung.

MAGIRUS DEUTZ
OL FW 63H

Mercedes-Benz LAF 311/36 TLF 16-T mit Metz-Aufbau

Eine Sonderbauart des Tanklöschfahrzeugs TLF 16 ist dieses TLF 16-T auf dem Fahrgestell eines Mercedes-Benz LAF 311/36, das vorrangig für die Bekämpfung von Wald- und Heidebränden in Niedersachsen beschafft wurde. Durch die Verwendung eines Truppführerhauses anstelle der beim TLF 16 obligatorischen Staffelkabine, konnte das eingesparte Gewicht für den Einbau eines um 200 l größeren Wassertanks genutzt werden, so dass nun 2800 l Löschwasser zur Verfügung standen.

Mercedes-Benz Unimog S 404.1 TLF 8/8 mit Voll-Aufbau

Das TLF 8/8 war das kleinste genormte Tanklöschfahrzeug. Es wurde den Feuerwehren in den 1960er Jahren vom Bund für den Katastrophenschutz zugeteilt. Auf Grund seiner spärlichen Beladung diente das TLF 8/8 vornehmlich der Brandbekämpfung abseits befestigter Wege. Hierfür war es mit einem 800-l-Wassertank, einer FP 8/8 und einer TKS 5/2 ausgerüstet. Als Trägerfahrzeug diente ein Unimog.

650
M·A·N
DIESEL
1

MAN 650 HALF STLF 16/28 mit Bachert-Aufbau

Mit der Vorstellung ihrer neuen, kompakteren Frontlenker-Fahrgestelle gelang es MAN Ende der 1950er Jahre, verstärkt im Feuerwehrgeschäft Fuß zu fassen. Vor allem kleinere und regionale Aufbauhersteller nutzten die mittelschweren Kurzhauber als Basis für individuell zugeschnittene Einsatzfahrzeuge. Die Abbildung zeigt ein 1965 gebautes Sondertanklöschfahrzeug STLF 16/28, das mit einer 2800-l/min-Feuerlöschkreiselpumpe ausgerüstet war.

Opel Blitz LF 8-TS mit Metz-Aufbau

1965 präsentierte Opel mit dem überarbeiteten Blitz sein bis heute letztes in Eigenregie gebautes Nutzfahrzeug. Als Antrieb diente zunächst weiterhin der auf 80 PS gedrosselte Sechszylinder-Vergasermotor aus dem Oberklassemodell Kapitän, der den im Feuerwehralltag zumeist als LF 8 mit Tragkraftspritze eingesetzten Rüsselsheimer zu einem äußerst spurtstarken Einsatzfahrzeug machte. Ab 1968 wurde alternativ auch ein bei Peugeot eingekaufter Dieselmotor angeboten.

Magirus-Deutz F Mercur 125 LF 16 mit Magirus-Aufbau

Wie kaum ein anderes Feuerwehrfahrzeug prägte der Magirus-Rundhauber über viele Jahre das Bild der Feuerwehren in Deutschland. Das hier vorgestellte LF 16 basiert auf einem Mercur F 125 und wurde im Dezember 1963 bei der Feuerwehr Wanne-Eickel in Dienst gestellt. Nach der Eingemeindung kam es 1975 zur Berufsfeuerwehr Herne.

VW Typ 2 T2b TSF mit Ziegler-Aufbau

Wie schon der Vorgänger, gehörte auch der VW T2 als Tragkraftspritzenfahrzeug zur Standardausrüstung zahlreicher Freiwilliger Feuerwehren. Das für Staffelbesetzung ausgelegte Fahrzeug besaß normgerecht keinen eigenen Löschwassertank, so dass vor dem Brandangriff zunächst eine externe Wasserversorgung hergestellt werden musste.

IFA W 50 L LF 16-TS 8 mit FGL-Aufbau

Der ab 1968 gebaute IFA W 50 L war das typische Feuerwehrauto der DDR. In der hier vorgestellten Ausführung als LF 16-TS 8 verfügte er über eine 2200-l/min-Feuerlöschkreiselpumpe, einen jeweils 200 l fassenden Wasser- und Schaummitteltank sowie Platz für neun Einsatzkräfte. Für Vortrieb sorgte ein wassergekühlter Vierzylinder-Dieselmotor mit 125 PS Leistung.

Der Aufbau stammt vom Feuerlöschgerätewerk Luckenwalde (FGL). Diese nahe Berlin angesiedelte Firma wurde im 1996 als Tochterunternehmen von Metz übernommen und firmierte seitdem als FGL-Metz.

Mercedes-Benz LA 1113 LF 16-TS mit Lentner-Aufbau

Das für die Brandbekämpfung und Löschwasserversorgung ausgelegte LF 16 mit Tragkraftspritze gehörte bis vor wenigen Jahren zu den verbreitetsten Löschfahrzeugen, da es mehrheitlich durch den Bund für den erweiterten Katastrophenschutz beschafft wurde. Ein Löschwassertank ist nicht vorhanden. Das abgebildete Fahrzeug der Feuerwehr Recklinghausen wurde jedoch zusätzlich mit einer 1600-l/min-Vorbaupumpe ausgerüstet. Alle LF 16-TS verfügten grundsätzlich über Allradantrieb und ein zulässiges Gesamtgewicht von 9 t.

Hanomag-Henschel F 150 AK II TLFA 4000 mit Rosenbauer-Aufbau

Nicht sehr verbreitet waren Feuerwehrfahrzeuge auf Hanomag-Henschel-Fahrgestellen wie dieses 1974 für die Feuerwehr Seefeld in Tirol gebaute TLFA 4000. Das noch heute sehr modern wirkende Fahrzeug wurde von einem 192 PS starken Sechszylinder-Dieselmotor angetrieben und verfügte über Allradantrieb.

MAN 11.168 H-LF TLF 40/14-10 mit Metz-Aufbau

Für die Werkfeuerwehr der Bayer AG in Dormagen entstand 1980 bei Metz dieses auf einem MAN-Kurzhauber-Fahrgestell aufgebaute TLF 40 in Spezialausführung mit stärkerer Pumpe (4000 l/min) und einem Löschmittelvorrat von 1400 l Wasser und 1000 l Schaummittel.

BAYER
Berufsfeuerwehr
Bayer AG
Dormagen
Metz

Tatra T 148 PP TLF 32 mit Karosa-Aufbau

Zu den größten Feuerwehrfahrzeugen in der DDR zählte dieses vom tschechischen Feuerwehrausstatter Karosa aufgebaute TLF 32, das bevorzugt in chemischen Großbetrieben und an Flughäfen eingesetzt wurde. Das abgebildete Fahrzeug wurde im Jahr 1982 auf dem Flughafen Dresden-Klotzsche in Dienst gestellt. An Löschmitteln konnten 6000 l Wasser sowie 600 l Schaummittel mitgeführt werden, die über eine Feuerlöschkreiselpumpe (Förderleistung: 3200-l/min) abgegeben wurden.

Mercedes-Benz 636 A 8x6 HTLF 24/50-25 mit Bachert-Aufbau

Mit einer Länge von 9,45 m gehörte dieses 1984 von der Berufsfeuerwehr Duisburg beschaffte Hilfeleistungs-Tanklöschfahrzeug seinerzeit zu den größten Feuerwehrfahrzeugen in Deutschland. Das nicht genormte Spezialfahrzeug verfügte über einen Löschmittelvorrat von 5000 l Wasser und 2500 l Schaummittel, eine FP 24/8-Hoch-Niederdruckpumpe sowie eine umfangreiche hilfetechnische Beladung wie Generator und Lichtmast.

Mercedes-Benz 711 D LF 8 mit Schlingmann-Aufbau

Das LF 8 war das kleinste genormte deutsche Löschgruppenfahrzeug. Seine Norm trat allerdings 1991 außer Kraft. Trotzdem dürfen die Bestandsfahrzeuge weiterhin uneingeschränkt genutzt werden. Die Beladung war für die Brandbekämpfung ausgelegt und umfasste u.a. eine vierteilige Steckleiter. Nur in der Ausführung mit Allradantrieb konnte auch eine Zusatzbeladung für technische Hilfeleistungen geordert werden. Das „klassische“ LF 8-Fahrgestell war zuletzt der hier gezeigte Mercedes-Benz 711 D.

MAN 14.361 FAEG HLF mit Rosenbauer-Aufbau

Die von Rosenbauer für die Berufsfeuerwehr Duisburg gebauten Allradfahrzeuge zählten zu den imposantesten in Deutschland eingesetzten Feuerwehrfahrzeugen. Die feuerwehrtechnische Ausstattung bestand aus einer 2800-l/min-Feuerlöschkreiselpumpe, 2000 l Wassertank, 220 l Schaummitteltank, Dachmonitor und zwei Schnellangriffshaspeln (SAH). Unter einer Haspel versteht man eine Vorrichtung ähnlich einer Schlauchtrommel, die den aufzuwickelnden Schlauch in eine handhabbare, kompakte Form bringt und ihn vor dem Verwirren und Verknoten sichert.

Fahrzeugbasis für das hier gezeigte HLF bildete ein zweiachsiges MAN-KAT-Bundeswehrfahrgestell mit 360 PS Leistung.

Steyr-Puch Pinzgauer 6x6 TSF mit EMPL-Aufbau

Im Jahr 1995 lieferte EMPL dieses geländegängige Tragkraftspritzenfahrzeug auf Basis des legendären Steyr-Puch Pinzgauer an den zur Freiwilligen Feuerwehr Rottach-Egern gehörenden Löschzug Oberach. Das Fahrzeug ist mit einer 1600-l/min-Rosenbauer-Tragkraftspritze, einer 4-t-Seilwinde und Schlauchvorräten bestückt und wird im Gebirge sowohl für die Brandbekämpfung als auch für kleine technische Hilfeleistungen eingesetzt. Die Besatzung besteht aus sechs Einsatzkräften.

FEUERWEHR
FREIW. FEUERWEHR
ROTTACH-EGERN
Zug Oberach
112
EMPL

Mercedes-Benz Unimog U 1300 L TroLF 750 mit Metz-Aufbau

Das TroLF 750 war früher das einzige genormte Trockenlöschfahrzeug. Es verfügt über eine 750-kg-Pulverlöschanlage und nur eine kleine feuerwehrtechnische Beladung. Das TroLF wird immer dann eingesetzt, wenn die Verwendung von Löschwasser zu einer ungewollten chemischen Reaktion führen könnte (z.B. in Chemiebetrieben oder der Metallindustrie).

Mercedes-Benz 1124 LF 16/12 mit Ziegler-Aufbau

Auf dem Chassis des Mercedes-Benz 1124 Automatik baute Ziegler im Jahr 1996 dieses LF 16/12 für die Feuerwehr Bochum. Das intern als LF-H-3 bezeichnete Löschgruppenfahrzeug ist mit einem 1600-l-Wassertank, Schnellangriffseinrichtung und 250-kg-Pulverlöschanlage ausgerüstet. Seine hilfetechnische Beladung geht über die genormte Ausrüstung hinaus und entspricht der eines aktuellen HLF.

MAN 12.232 LF 16/12 mit Schlingmann-Aufbau

Das MAN-Löschgruppenfahrzeug 16/12 der Freiwilligen Feuerwehr Adenau stammt aus dem Baujahr 1992 und ist hier bei einem Einsatz auf dem Nürburgring zu sehen. Zusätzlich zum mitgeführten Wasservorrat von 1200 l, der einen schnellen ersten Löschangriff ohne vorherigen Aufbau einer Wasserversorgung ermöglicht, vervollständigt eine umfangreiche feuerwehrtechnische Beladung die Ausstattung: Schnellangriffseinrichtung mit C-Hohlstrahlrohr, Schlauchmaterial, B-Schlauchhaspel, Tauchpumpe, Verkehrssicherungs- und Sanitätsgerät, Motorsäge, Trennschleifer, Hitzeschutzanzüge, Hydraulikaggregat, Rettungsschere und -spreizer, Gasmessgeräte, Ölbindemittel sowie eine 4-teilige Steckleiter und 3-teilige Schiebleiter. Ein Lichtmast mit zwei Strahlern (je 1000 Watt) und ein tragbarer 8-kVA-Stromerzeuger ermöglichen das optimale Ausleuchten des Einsatzortes.

Freiwillige Feuerwehr
Verbandsgemeinde Adenau
12·232
MAN
AW 347

MAN LE 8.150 LF 10 mit Rosenbauer-Aufbau

Das LF 10 ist das zur Zeit kleinste genormte Löschgruppenfahrzeug in Deutschland. Seine Beladung ist für den Brandeinsatz und Hilfeleistungen ausgelegt, wofür u.a. auch eine vierteilige Steckleiter auf dem Dach mitgeführt wird. Zur feuerwehrtechnischen Ausrüstung gehört eine Schnellangriffshaspel und ein 1000-l-Löschwassertank. Interessant ist bei dem abgebildeten Fahrzeug die an das Führerhaus angedockte Mannschaftskabine in Alu-Space-Frame-Bauweise.

MAN LE 10.180 LF 10/6 mit EMPL-Aufbau

Das ebenfalls als Erstangriffsfahrzeug einsetzbare LF 10/6 ist der Vorgänger des LF 10 und weist im Gegensatz zu diesem nur einen 600-l-Löschwassertank (LF 10, Minimum 1000 l) auf. Fahrgestell des hier gezeigten Fahrzeugs ist ein MAN LE 10.180 mit 180 PS Leistung und Allradantrieb.

Scania P 94 G 260 LF 16/12 mit Rosenbauer-Aufbau

Das LF 16/12 ist ein bei größeren Feuerwehren weit verbreitetes Löschgruppenfahrzeug, das bis 2005 genormt war. Seine Nachfolge traten das LF 20/16 und das HFL 20/16 an. Für die Brandbekämpfung stehen eine 60-m-Schnellangriffseinrichtung, ein mindestens 1200 l fassender Löschwassertank sowie 6 x 20-l-Schaummittelbehälter zur Verfügung. Seine umfangreiche Beladung (u.a. Wasserwerfer, Seilwinde, Gefahrgutausrüstung) macht das LF 16/12 zu einem echten Universalfahrzeug, das es wahlweise mit Straßen- oder Geländefahrwerk gab.

MAN LE 14.280 VLF 20/24 mit Magirus-Aufbau

Um den Nachfolger des legendären Duisburger VLF „Cheetah“ handelt es sich bei diesem 2004 von Magirus gebauten Vorauslöschfahrzeug 20/24 auf Basis eines allradgetriebenen MAN LE 14.280 mit 280 PS Leistung. Das VLF ist eine von der Berufsfeuerwehr Duisburg maßgeblich entwickelte Sonderbauart und wird als eigenständige taktische Einheit sowohl als Erstangriffsfahrzeug im Solobetrieb oder als Ergänzung eines Löschzuges eingesetzt. Es verfügt über einen 2400-l-Wassertank, eine Schnellangriffseinrichtung sowie umfangreiche hilfetechnische Beladung.

Mercedes-Benz 1625 TLF 24/50 mit Schlingmann-Aufbau

Das TLF 24/50 war das größte genormte Großtanklöschfahrzeug. Es wurde im Jahr 2005 durch das TLF 20/40-SL ersetzt. Zur feuerwehrtechnischen Ausstattung gehörten ein auf dem Dach befindlicher Schaum-Wasser-Werfer mit einer Reichweite von 60 m, eine Schnellangriffseinrichtung sowie ein 4800-l-Löschwassertank und ein Schaummittelbehälter mit 500 l Fassungsvermögen. Das TLF 24/50 war mit einem Allradantrieb ausgestattet und besaß eine zulässige Gesamtmasse von 17 t.

Mercedes-Benz Unimog U 20 MLF mit Lentner-Aufbau

Neue Wege geht Aufbauhersteller Lentner mit diesem mittleren Löschgruppenfahrzeug (MLF) auf Basis eines Unimog U 20. Das konsequent auf Geländegängigkeit ausgelegte Fahrzeugkonzept sieht den Einsatz in für normale LF unzugänglichem Terrain vor. Da dort nur selten eine Löschwasserversorgung vorhanden ist, führt das Lentner-MLF trotz seiner kompakten Abmessungen bis zu 1000 l Löschwasser mit sich. Das MLF ist ein nach DIN 14530-25 genormtes Löschgruppenfahrzeug und ersetzt seit 2012 das Staffelfahrzeug 10/6. Im Normalfall verfügt es über Straßenantrieb, Staffelkabine und Gruppenbeladung sowie eine Feuerlöschkreiselpumpe FPN 10-1000 und einem Löschwasserbehälter mit mindestens 600 l Inhalt.

MAN TGM 15.290 LF 20 mit Rosenbauer-Aufbau

Das LF 20 ist ein nach DIN 14530-11 genormtes Einsatzfahrzeug für die Brandbekämpfung und kleinere Hilfeleistungen. Zu seiner umfangreichen feuerwehrtechnischen Beladung gehören eine vierteilige Steckleiter, eine dreiteilige Schiebleiter sowie eine Klappleiter. Das LF 20 verfügt über einen Allradantrieb sowie einen festverbauten Wassertank mit mindestens 2000 l Nutzinhalt. Sein zulässiges Gesamtgewicht beträgt 14,5 t. Das Fahrzeug wird vor allem von mittleren und größeren Wehren eingesetzt. Es wird sowohl als selbstständige Einheit als auch taktische Stütze eines Zuges verwendet. Das LF 20 war früher als LF 20/16 gelistet und verfügte seinerzeit über einen Wassertank mit mindestens 1600 l Fassungsvermögen. Es ist eng verwandt mit dem HLF 20, dem die meisten Feuerwehren inzwischen den Vorzug geben. Die Abbildung zeigt ein LF 20 in der von Rosenbauer entwickelten AT-Leichtbauweise.

Bei der Advanced Technology (AT) erfolgt die Konstruktion nach modernsten Entwicklungs- und Simulationsmethoden. Lasergeschnittene, gekantete Aluminiumbleche werden in selbsttragender und verwindungssteifer Spantenbauweise zu hochbelastbaren Aufbauten verarbeitet. Das extrem niedrige Gewicht trägt dabei zu einem deutlich verbesserten Fahrverhalten des Fahrzeugs bei. Die Verwendung langlebiger, korrosionsbeständiger Materialien garantiert bestmögliche Qualität und lange Einsatzzeiten.

112
rosenbauer AT

MAN TGM 15.290 LF 20 KatS mit Schlingmann-Aufbau

Das auf den Katastrophenschutz ausgerichtete LF 20 KatS nimmt eine Sonderrolle unter den Normfahrzeugen ein. Seine Beladung entspricht weitgehend dem kleineren LF 10. Einsatzschwerpunkt ist die Wasserförderung über längere Strecken, wofür es unter anderem mit 600 m B- und 180 m C-Schlauch beladen ist. Ferner sind ein 5000 l fassender Faltbehälter für Löschwasser, eine Tauchpumpe, Motorsäge und spezielle Katastrophenschutzausrüstung verlastet. Das LF 20 KatS wiegt 14 t und hat grundsätzlich Allradantrieb.

MAN TGL 8.180 StLF 10/6 mit Lentner-Aufbau

Der komplett aus GFK gefertigte Aufbau dieses Staffellöschfahrzeugs stammt von Lentner und basiert auf einem leichten MAN TGL-Fahrgestell mit 180 PS Leistung. Das Fahrzeug ist für den Erstangriff mit einem 600-l-Löschwassertank ausgerüstet. Bei der eingebauten Feuerlöschkreiselpumpe handelt es sich um eine FPN 10/10, die nach Norm 1000 l Wasser bei 10 bar in der Minute fördert. Die tatsächliche Förderleistung beträgt allerdings 1600 l/min. Alle technischen Funktionen im Aufbau und Fahrzeug werden über ein CAN-Bus-System gesteuert. Inzwischen wurde das StLF 10/6 in der Norm durch das MLF ersetzt.

MAN TGL 8.220 StLF 10/6 mit EMPL-Aufbau

Ebenfalls um ein genormtes Staffellöschfahrzeug 10/6 handelt es sich bei diesem MAN der Freiwilligen Feuerwehr Mainaschaff, Landkreis Aschaffenburg. Als eine Art „HLF der Freiwilligen" dient das inzwischen als mittleres Löschfahrzeug bezeichnete StLF 10/6 der Brandbekämpfung und der technischen Hilfeleistungen gleichermaßen. Das hier gezeigte Fahrzeug verfügt über einen 1000-l-Wassertank und eine Feuerlöschkreiselpumpe mit einer Kapazität von 1000 l/min bei 10 bar Druck. Zudem ist eine Camelion 24-Schaumzumischanlage vorhanden. Für technische Einsätze sind u.a. ein pneumatischer Lichtmast, eine 230-V-Dynawattanlage sowie eine Verkehrswarnanlage an Bord.

Opel Movano 2.3 CDTI 4500 TSF mit Ziegler-Aufbau

Das Tragkraftspritzenfahrzeug ist das kleinste genormte Löschfahrzeug in Deutschland. Es verfügt über keine eigene Löschwasserbevorratung, so dass seine Staffelbesatzung am Einsatzort eine externe Wasserversorgung aufbauen muss. Das hier vorgestellte Modell basiert auf einem Opel Movano mit 150 PS starker Vierzylinder-Turbodiesel und ist mit einer in den Aufnahmen der Rollläden integrierten Umfeldbeleuchtung System ZOR (Ziegler-Optimiertes-Rollladensystem) ausgestattet.

Mercedes-Benz Sprinter TSF mit EMPL-Aufbau

Tragkraftspritzenfahrzeuge haben bei Freiwilligen Feuerwehren eine lange Tradition, da sie mit ihren vergleichsweise geringen Anschaffungs- und Betriebskosten auch kleineren Gemeinden die Unterhaltung einer eigenen mobilen Feuerwehr ermöglichen. Die Abbildung zeigt das 2014 von EMPL aufgebaute TSF der Freiwilligen Feuerwehr Ulbering.

Mercedes-Benz Atego 1428 LF 20 mit Ziegler-Aufbau

Nicht nur die Brandbekämpfung gehört zu den Aufgaben eines Löschfahrzeugs. Auch für technische Hilfeleistungen, wie bei diesem Hochwasser, sind Fahrzeuge und Mannschaft bestens gerüstet.

MAN TGM 13.250 4x4 BB LF 10/6 mit Lentner-Aufbau

Um auch unter härtesten Bedingungen fehlerfrei zu funktionieren, absolvieren moderne Feuerwehrfahrzeuge vor ihrer Indienststellung ein umfangreiches Testprogramm, das Mensch und Technik oft bis an ihre Grenzen bringt. Die Abbildung zeigt ein LF 10 von Lentner mit MAN-Geländefahrwerk im Testbetrieb.

Mercedes-Benz Atego 1529 AF LF 10/6 mit Rosenbauer-Aufbau

Im Gegensatz zu früher, als sich die Feuerwehren allein auf Blaulicht und Martinshorn verließen, sind Einsatzfahrzeuge heute mit umfangreichen optischen und akustischen Warneinrichtungen ausgestattet. Zudem sorgen moderne Such- und Positionsleuchten für einen verbesserten Selbstschutz und erlauben ein deutlich effektiveres Arbeiten bei Dunkelheit.

MAN TGM 13.280 4x4 BL LF 20/16 mit Schlingmann-Aufbau

Neben Einsatzbereitschaft und Teamgeist der Wehrmitglieder, gehören die Zuverlässigkeit und die Leistungsfähigkeit der Einsatzfahrzeuge nach wie vor zu den wichtigsten Trümpfen einer Feuerwehr. Aus diesem Grund passt die Nutzfahrzeugindustrie ihre Modelle permanent der aktuellen Entwicklung im Feuerwehrwesen an und lässt technische Innovationen sofort in die Fertigung einfließen.

MAN TGL 12.210 4x2 BB LF 10/6 mit Rosenbauer-Aufbau

Entscheidend für einen erfolgreichen Einsatz ist nicht zuletzt die Schnelligkeit, mit der am Einsatzort der Löschangriff bzw. die Rettung eingeleitet werden kann. Hierfür verfügen heute alle modernen Löschfahrzeuge über optimal zugängliche Technik- und Stauräume. Die Abbildung zeigt ein von Rosenbauer gefertigtes Löschgruppenfahrzeug mit einem sogenannten AT-Aufbau (Advanced Technology), der durch seine modulare Konzeption eine individuelle Raumaufteilung zulässt.

FW DUISBURG
STADT DUISBURG
FEUERWEHR
Ziegler

MAN 19.414 HLF 28/40 mit Ziegler-Aufbau

Hilfeleistungslöschgruppenfahrzeuge sind die Universalisten unter den Löschfahrzeugen. Dies gilt insbesondere für das hier gezeigte ungenormte HLF 28/40 der Berufsfeuerwehr Duisburg, das zu den größten Feuerwehrfahrzeugen in Deutschland gehört. Als Großtanklöschfahrzeug verfügt das mit einer kombinierten Hochdruck-/Niederdruckpumpe FP 28/8 ausgerüstete HLF über einen Löschmittelvorrat von 4000 l, der wahlweise über zwei 60-m-Schnellangriffseinrichtungen, einen tragbaren sowie einen dachseitig montierten Wasserwerfer abgegeben werden kann. Für genügend Vortrieb im Straßenverkehr sorgt ein MAN-Sechszylinder mit 410 PS Leistung.

IVECO-Magirus Euro Fire 140 E 28 HLF 16 mit Magirus-Aufbau

Das von Magirus auf dem Fahrgestell eines IVECO Euro Fire E 28 aufgebaute HLF 16 ist ein vergleichsweise kompaktes Hilfeleistungslöschgruppenfahrzeug. Es basiert auf dem genormten LF 16/12, das nach den Vorgaben des Bestellers (Berufsfeuerwehr Herne) zusätzlich mit einem Lichtmast, zwei fahrbaren B-Schlauch-Haspeln französischer Bauart und einer automatischen Schwenktür zur Gruppenkabine ausgestattet wurde.

MAGIRUS
HERNE

Mercedes-Benz Atego HLF 20 mit Lentner-Aufbau

Im Jahr 2012 beschaffte die Berufsfeuerwehr Ingolstadt dieses nach DIN 14530-11 genormte HLF 20/10 auf Mercedes-Benz Atego-Fahrgestell. Das Ersteinsatzfahrzeug verfügt über eine Vielzahl von Innovationen, die den Einsatz sicherer und effektiver machen. So gehören pneumatische Schwenktüren, LED-Blaulichter, Verkehrswarnanlage, Wärmebildkamera für Gruppenführer und Angriffstrupp sowie eine heckseitige entnehmbare Steck- und Schiebleiter zum Ausstattungsumfang. An Löschmitteln werden 2000 l Wasser und 200 l Schaummittel mitgeführt.

Mercedes-Benz Sprinter 519 CDI HLF 1 mit EMPL-Aufbau

Als Hilfeleistungslöschfahrzeug für Österreich entwickelte EMPL gemeinsam mit dem Landesfeuerwehrkommando Niederösterreich das HLF 1 mit einem zulässigen Gesamtgewicht von 5,5 t. Der auf einem Serienkastenwagen basierende Allrounder kann wahlweise mit Gelände- oder Straßenfahrwerk geordert werden. Hinzu kommt eine variable Gestaltung des Mannschaftsraums. Die Abbildung zeigt das erstgebaute HLF 1 mit Allradantrieb und 5-plus-1-Besatzung. Der integrierte 600-l-Löschwassertank wird über eine seitliche Tankfüllleitung mit automatischer Niveauregulierung gefüllt. Die Schnellangriffseinrichtung verfügt über eine elektrische Aufspulung mit 30 m Hochdruckschlauch und einem Strahlrohr. Am Fahrzeug erleichtert eine Ladebordbühne den Zugriff auf die Gerätschaften.

MAN TGM 13.290 4x4 HLF 10 mit EMPL-Aufbau

Das Hilfeleistungslöschgruppenfahrzeug 10 ist die kleinere Variante des HLF 20 und wurde bis 2006 als HLF 10/6 bezeichnet. Es ist seit 2012 in der DIN 14530-26 genormt. Seine Ausrüstung umfasst einen Löschwassertank mit mindestens 1000 l Inhalt sowie ein Schaummittelkontingent von 120 l. Im Fahrzeugheck ist eine Kreiselpumpe mit einer Förderleistung von 1000 l/min bei einem Ausgangsdruck von 10 bar montiert. Zur Beladung gehören neben der üblichen Beladung zur Brandbekämpfung und Menschenrettung, auch eine umfangreiche Ausrüstung zur technischen Hilfeleistung. Das Foto zeigt das 2013 von EMPL auf einem MAN-Allradfahrgestell aufgebaute HLF 10 der Feuerwehr Bühlertal.

MAN TGM 13.290 4x4 HLF 20/16 mit Lentner-Aufbau

Stimmungsvolle Nachtaufnahme des 2012 in Dienst gestellten HLF 20/16 der Freiwilligen Feuerwehr Sonnefeld. Die Bezeichnung HLF 20/16 weist noch auf die bei der Bestellvergabe gültige alte Normierung hin. Das Fahrzeug wurde als Erstangriffsfahrzeug ausgelegt. Im Gegensatz zum gängigen Trend, ist es nicht mit einer computergesteuerten Pumpensteuerung ausgestattet, sondern besitzt auf Wunsch des Bestellers eine konventionelle Ausführung.

MAN TGM 13.290 4x4 HLF 20/16 mit Lentner-Aufbau

Rückansicht des baugleichen HLF 20/16 der Freiwilligen Feuerwehr Neunkirchen-Seelscheid. Links am Fahrzeugheck befindet sich eine Einmannhaspel mit 200 m Schlauch. Die Einmannhaspel rechts daneben dient der Absicherung bei Verkehrsunfällen.

Scania P 360 4x4 HLF 20 mit EMPL-Aufbau

Als Ersatz für ein betagtes TroLF beschaffte die Werkfeuerwehr der Technischen Universität München dieses HLF auf einem Scania-Allrad-Fahrgestell. Das Fahrzeug verfügt über einen 2000-l-Löschwassertank und eine EMPL-Feuerlöschpumpe FPN 10/3000, welche im Heck verbaut ist. Ferner sind eine Druckluftschaumanlage und ein seitlich am Fahrzeug ausziehbares Hygienebord vorhanden. Die Beladung entspricht dem Normstandard.

Mercedes-Benz Unimog U 5000 TLF 20/50 Typ Brandenburg mit EMPL-Aufbau

Da das Bundesland Brandenburg in Deutschland die traurige Spitzenstellung bei Waldbränden einnimmt, entwickelte die Landesschule für Brand- und Katastrophenschutz mit dem TLF 20/50 Typ Brandenburg ein spezielles Waldbrandtanklöschfahrzeug, das 2008 erstmals in Dienst gestellt wurde. Hierbei handelt es sich um ein Löschfahrzeug auf einem Unimog 5000-Fahrgestell mit einer vom Fahrzeugmotor angetriebenen Feuerlöschkreiselpumpe FPN 1010-2000, einer Schnellangriffseinrichtung, einem dachseitig montierten Wasserwerfer, einem 5000-l-Löschwassertank und einer fachspezifischen feuerwehrtechnischen Beladung. Das Fahrzeug ist für Truppbesatzung ausgelegt und dient vorrangig der Bekämpfung von Waldbränden, der Bereitstellung einer größeren Löschwassermenge sowie der Nachschubversorgung. Aufbauhersteller des ersten Lieferloses war die Firma EMPL.

Mercedes-Benz Unimog U 5023 TLF 20/50

In der Waldbrandbekämpfung hat die Eigensicherung oberste Priorität, so dass Selbstschutzanlage, Schutzgitter und Astabweiser zum serienmäßigen Lieferumfang eines modernen Waldbrandtanklöschfahrzeugs gehören. Zusätzlicher Schutz garantiert die feuerfeste Spezial-Ummantelung sämtlicher Leitungen. Auch alle wichtigen Aggregate sind mechanisch geschützt und höhergesetzt angeordnet.

Mercedes-Benz Atego 1629 AF HLF 20/16 mit EMPL-Aufbau

Ein Blick in die geöffneten Stauräume veranschaulicht eindrucksvoll die umfangreiche Beladung und technische Ausrüstung eines Hilfeleistungslöschgruppenfahrzeugs. Die Beladung ist in taktische Gruppen unterteilt und umfasst unter anderem zwei fahrbare Schlauchhaspeln, Schlauchmaterial, Steckleitern, Schaummittel sowie Kettensäge, Rettungsgerät und Stromerzeuger.

Scania P 360 4x4 HLF 20 mit Lentner-Aufbau

Ebenfalls um ein HLF 20 auf Basis eines Scania P 360 mit Allradtechnik handelt es sich bei diesem Ersteinsatzfahrzeug der Feuerwehr Ratingen. Obwohl für dessen Aufbau mit der Firma Lentner ein gänzlich anderer Hersteller verantwortlich zeichnete, unterscheidet sich die Optik dank Normung nur marginal von der des Konkurrenten.

Mercedes-Benz Unimog U 20 TLF 10/45 mit Ziegler-Aufbau

Mit der Auslieferung des ersten TLF 10/45 nach Kroatien begann 2009 auch für den „kleinen" Unimog U 20 die Karriere als Feuerwehrfahrzeug. Als Aufbauhersteller zeichnete Ziegler verantwortlich. Unmittelbar hinter dem serienmäßigen Fahrerhaus ist der 2500 l fassende Wassertank, dahinter der Gerätekoffer mit der feuerwehrtechnischen Beladung platziert. Die vom Fahrzeugmotor angetriebene Feuerlöschkreiselpumpe (Nennleistung 1000 l/min bei 10 bar, maximal 1800 l/min bei 8 bar), Schnellangriffseinrichtung sowie die Schaumzumischung bildeten die wesentlichen Elemente der Löscheinrichtung des Premierenfahrzeugs. Mit einer Motorleistung von 150 PS aus einem Vierzylinder-Turbodiesel mit 4,25 l Hubraum bietet der Unimog U 20 auch abseits der Straße mehr als ausreichende Kraftreserven.

Mercedes-Benz Unimog U 400 TLF 30/20 mit Ziegler-Aufbau

Auf der Innotrans 2014 zeigte Mercedes-Benz diesen für die Feuerwehr Istanbul bestimmten Zweiwege-Unimog mit Ziegler-Aufbau und ZAGRO-Schienenführung, der mit seinen kompakten Abmessungen optimal für Einsätze in U-Bahn-Tunneln geeignet ist. Das im Jahr 1969 von Werner **Za**ppel in Bad Rappenau-**Gro**mbach gegründete mittelständische Unternehmen mit Sitz in Baden-Württemberg kann auf jahrzehntelange Erfahrung in der Zweiwege- und Rangiertechnik zurückblicken. Bei der ZAGRO-Technik sorgt das Straßenrad auch auf der Schiene für den Antrieb, das mit Spurkranz versehene Eisenbahnrad übernimmt die Seitenführung. Das Fahrzeug hat ein Fassungsvermögen von 2000 l Wasser und 500 l Schaummittel. Der Antrieb der Löschpumpe erfolgt über den Motornebenantrieb des Unimog, so dass der Löschangriff bereits beginnen kann, wenn das Fahrzeug noch rollt.

ZAGRO
Ziegler
U400
Ziegler
ZAGRO

MAN TGS 28.540 RTL-A-Tunnel mit Lentner-Aufbau

Zu den aktuell größten Straßentanklöschfahrzeugen in Europa zählt dieses im Jahr 2012 von der Feuerwehr Villach in Österreich in Dienst gestellte RTL-A-Tunnel auf dem Fahrgestell eines 580 PS starken MAN TGS 28.540. Das speziell für die Tunnelrettung konzipierte Einsatzfahrzeug verfügt über je einen leistungsstarken Löschmonitor auf dem Dach und an der Fahrzeugfront, die von einem 6500 l fassenden Wassertank und einem 500-l-Schaummittelbehälter mit Löschmittel versorgt werden. Das Fahrzeug ist mit einem sogenannten „Tunnelmodus“ ausgestattet, in dem es sich mit Hilfe einer Wärmebildkamera auch durch dichten Rauch steuern lässt.

MAN TGS 33.340 TLF 4000/1000-Schiene mit EMPL-Aufbau

Ein weiteres für den internationalen Markt bestimmtes Spezialfahrzeug stellt dieses Zweiwegefahrzeug von EMPL dar. Um den Brandschutz der im Bau befindlichen Metro im chinesischen Qingdao gewährleisten zu können, wurde von den örtlichen Behörden ein Schiene-Straßenfahrzeug ausgeschrieben, mit dem besonderen Einsatzbedingungen, wie z.B. Verrauchung im Tunnel oder Einsatz bei völliger Dunkelheit, begegnet werden sollte. Hierfür wurde es mit einer umfangreichen Xenon-Zusatzbeleuchtung, einem Xenon-Lichtmast sowie LED-Beleuchtung in den Griffstangen und Auftritten ausgestattet. Herzstück des Großtanklöschfahrzeugs ist eine EMPL-Feuerlöschkreiselpumpe NP 3000 FPN 10/3000 und ein insgesamt 5000 l umfassender Löschmittelvorrat.

Renault D 15 TLF mit Rosenbauer-Aufbau

Rosenbauer zeigte auf dem Feuerwehrkongress 2014 in Avignon erstmals ein Tanklöschfahrzeug auf einem Renault-Fahrgestell. Es entspricht sowohl der europäischen Norm EN 1846, als auch der französischen Norm NFS 61-515, so dass es nahezu in ganz Europa eingesetzt werden kann. Für genügend Vortrieb sorgt ein umweltfreundlicher Euro-6-Motor mit 280 PS. Die von Renault übernommene Mannschaftskabine bietet Platz für sechs Personen. Vier Sitzplätze sind mit Halterungen für Pressluftatmer ausgestattet.

Feuerwehr Spezial – Gliederung & Aufbau einer Feuerwehreinheit

In Deutschland ist die Stärke und Organisationsstruktur der Feuerwehren bundeseinheitlich in der Feuerwehrdienstvorschrift 3 „Einheiten im Lösch- und Hilfeleistungseinsatz" verankert. Die Mannschaftsstärke wird in der Gliederung Einheitsführer – Unterführer – Mannschaft – Gesamtstärke angegeben. Um einen Einsatzbefehl geben zu können, muss das Führungspersonal selbstständig taktierender Einheiten unbedingt über eine Ausbildung zum Gruppenführer verfügen. Die Bezugsgrößen der Einheit sind (aufsteigend): der selbstständige Trupp, die Staffel und die Gruppe. Die genormten Einsatzfahrzeuge sind dementsprechend für eine Trupp-, Staffel- oder Gruppenbesatzung ausgelegt.

Trupp

Als Trupp bezeichnet man die kleinste Feuerwehreinheit, bestehend aus einem Truppführer und einem Truppmann. Sie ist Bestandteil der Einheiten Staffel oder Gruppe und damit keine selbstständig taktierende Einheit.

Selbstständiger Trupp

Im Gegensatz zum Trupp, bildet der selbstständige Trupp eine Einheit, die als allein operierende taktische Einheit einsetzbar ist. Er besteht aus einem zum Gruppenführer ausgebildeten Truppführer, einem Truppmann und einem Maschinisten. Der selbstständige Trupp wird schwerpunktmäßig auf Fahrzeugen

Die Fahrzeugabholung durch das Wehrpersonal direkt im Werk hat bei den Aufbauherstellern eine lange Tradition. Das Foto zeigt die stolze Besatzung des 2013 von EMPL für die Feuerwehr Neustadt an der Weinstraße gebauten HLF 20.

eingesetzt, die ausschließlich für eine Truppbesatzung ausgelegt sind, wie z.B. Hubrettungsfahrzeuge oder Rüstwagen.

Staffel

Als Staffel wird bei vielen Feuerwehren die tatsächlich eingesetzte, sechsköpfige taktische Grundeinheit bezeichnet. Diese setzt sich aus einem Staffelführer, einem Maschinisten sowie einem Angriffs- und einem Wassertrupp zusammen. Der Staffelführer muss zwingend über eine Ausbildung zum Gruppenführer verfügen. Die Staffelbildung ist das Ergebnis einer verstärkten Technisierung des Feuerwehrdienstes in Verbindung mit einer gleichzeitig reduzierten Personaldichte.

Gruppe

Die aus neun Einsatzkräften bestehende Gruppe ist die eigentliche taktische Grundeinheit einer Feuerwehr. Sie besteht aus einem Gruppenführer, einem Maschinisten, einem Melder sowie je einem Angriffs-, Wasser- und Schlauchtrupp. Die Gruppe entspricht der Besatzung eines Löschgruppenfahrzeugs bzw. setzt sich aus den Besatzungen eines Staffel- und eines Truppfahrzeugs zusammen.

Zug

Der Zug ist die größte taktische Einheit einer Feuerwehr und wird aus zwei Gruppen und dem Zugtrupp gebildet. Zum Zugtrupp gehören ein Führungsassistent, ein Melder und ein Fahrer. Je nach Einsatzzweck können mehrere unterschiedliche Züge, wie z.B. Löschzug, Gefahrstoffzug oder Rüstzug, eingesetzt werden. Bei Großschadenslagen kann ein Zug zudem um einen Trupp, eine Staffel oder eine Gruppe erweitert werden, was einer Gesamtstärke von 31 Feuerwehrleuten entspricht.

Im Regelfall rücken allerdings nie mehr als 22 Einsatzkräfte pro Zug aus. Bei den hoch technisierten Berufsfeuerwehren hat sich vielerorts sogar eine Reduzierung der Löschzüge auf 16 Wehrkräfte durchgesetzt.

Unter dem Begriff Hubrettungsfahrzeuge sind Feuerwehrfahrzeuge zusammengefasst, die mit einer manuell oder maschinell betriebenen Hebeeinrichtung ausgerüstet sind. Hubrettungsfahrzeuge werden sowohl für die Brandbekämpfung, als auch für die Rettung von Menschen und Tieren aus größeren Höhen eingesetzt. Moderne Fahrzeuge erlauben darüber hinaus auch den Einsatz im bodennahen Bereich, wofür der Leiterpark bzw. Teleskopmast entsprechend abgesenkt werden kann. Dies ist vor allem für die Rettung von verunfallten Personen aus Gräben oder Gewässern von Bedeutung. Hinzu kommt bei aktuellen Fahrzeugen die Möglichkeit, die Hebeeinrichtung als Lastarm einzusetzen, um beispielsweise bei einem Autounfall eine Bergung ohne die Alarmierung eines speziellen Feuerwehrkrans vornehmen zu können. Die sicherheitstechnischen Anforderungen eines Hubrettungsfahrzeugs sind in Deutschland in der DIN EN 1777 geregelt. Das gängigste Hubrettungsfahrzeug ist die Drehleiter

Kapitel 3
Hubrettungsfahrzeuge

23-12, die mit Rettungskorb eine Nennrettungshöhe von 23 m bei einer Ausladung von 12 m erreicht. Eine weitere Variante des Hubrettungsfahrzeugs stellt die Hubarbeitsbühne dar, die aus den Hubsteigern des Baugewerbes entstanden ist. Ihre gegenüber der Sprossenleiter deutlich höhere Flexibilität wird allerdings mit einer etwas längeren Aufrüstzeit erkauft. Die europäische Norm DIN EN 1846-1 unterscheidet inzwischen nur noch zwischen Drehleitern und Hubarbeitsbühnen, so dass heute Gelenk- und Teleskopmastfahrzeuge im offiziellen Sprachgebrauch als Hubarbeitsbühnen bezeichnet werden. Moderne Hubrettungsfahrzeuge verfügen zumeist über Truppbesatzung, während in früheren Jahren die Staffelbesatzung vorherrschend war. Zu ihrer feuerwehrtechnischen Ausrüstung gehören in der Regel ein kupplungsloser Druckschlauch, ein Sprungretter und ein Winderzeuger. Außerdem sind die meisten Rettungskörbe mit einem Wenderohr zur kontinuierlichen Wasserabgabe ausgestattet.

Mercedes-Benz LD 2 Autodrehleiter KL 26 mit Magirus-Aufbau

Über einen vierteiligen Leiterpark aus Holz mit Stahlverstrebungen verfügt diese 1929 gebaute und ein Jahr später in Dienst gestellte KL 26-Magirus-Drehleiter. Der Aufbau erfolgte auf einem Mercedes-Benz LD-2-Fahrgestell, das von einem 7-l-Sechszylinder-Vergasermotor mit 70 PS Leistung angetrieben wurde.

Magirus M25 Automobildrehleiter 16 m mit Magirus-Aufbau

Im Jahr 1934 erblickte diese 16-m-Drehleiter auf dem Fahrgestell eines Magirus M25 das Licht der Welt. Die offene Automobildrehleiter war bis 1977 bei der Freiwilligen Feuerwehr Schwabmünchen im Einsatz. Der zweiteilige mechanische Leiterpark mit Handauszug bestand aus Holz mit Stahlverstrebungen.

Magirus-Deutz FL 145 Kraftdrehleiter KL 26 mit Magirus-Aufbau

Mitte der 1930er Jahre gab das Reichsluftfahrtministerium einen Großauftrag zur Lieferung einer einheitlichen Kraftfahrdrehleiter mit einer Auszugslänge von 26 m, die von Magirus und Metz auf Magirus-Deutz- und Mercedes-Benz-Fahrgestellen aufgebaut wurden. Die Abbildung zeigt eine 1940 ausgelieferte KL 26 aus dem Hause Magirus, die mit einem wassergekühlten Sechszylinder-Dieselmotor mit 125 PS bestückt war.

FREIW. FEUERWEHR
LÖRRACH

Mercedes-Benz Lo 2500 DL 24 mit Metz-Aufbau

Speziell für kleinere Wehren entwickelte Metz zu Beginn der 1930er Jahre diese DL 24 als halbautomatische Kraftfahrdrehleiter mit 24 m Auszugshöhe und Stahlleiterpark. Als Chassis diente ein leichter Mercedes-Benz Lo 2500. Alternativ war auch ein Opel Blitz-Fahrwerk erhältlich.

Magirus-Deutz S 3500 DL 25+2 mit Magirus-Aufbau

Die im Juni 1948 von Magirus präsentierte DL 25+2 war die erste neukonstruierte Drehleiter eines deutschen Herstellers nach dem Krieg. Technisch basierte sie auf der bewährten DL 22, die durch eine geringfügige Verlängerung der Leitersegmente zur DL 25 weiterentwickelt wurde. Der vierteilige Leitersatz war weiterhin mit einem mechanischen Antrieb ausgestattet. Neu war dagegen die Verwendung einer sechssitzigen Staffel anstelle des Truppführerhauses.

Mercedes-Benz LF 3500/42 DL 25 mit Metz-Aufbau

Eine der meist beschafften Drehleitern der Nachkriegszeit ist diese von Metz gebaute mechanisch betätigte DL 25 aus dem Jahr 1951. Durch die Verwendung einer abgerundeten Staffelkabine konnte der Leiterstuhl bereits um volle 360 Grad gedreht werden. Als Fahrgestell verwendete Metz den heute von Oldtimerfreunden als „Langhauber" bezeichneten Typ LF 3500/42 mit Reihensechszylinder-Dieselmotor und heute bescheiden anmutenden 90 PS.

Opel Blitz 3,6-36 DL 17 mit Metz-Aufbau

Ein gewohnter Anblick im Straßenbild war einst auch der Opel Blitz als Drehleiterfahrzeug. Die hier abgebildete DL 17 der Freiwilligen Feuerwehr Duisburg-Homberg stammt aus dem Jahr 1937 und wurde in Folge eines Kriegsschadens 1951 von Metz neu aufgebaut. Die mechanische Leiter ist 17 m lang und erreicht eine Steighöhe von 12 m.

Krupp-Südwerke Mustang DL 38 mit Metz-Aufbau

Um ein für die Berufsfeuerwehr Essen gebautes Einzelstück handelt es sich bei dieser 1951 in Dienst gestellten Metz-Drehleiter mit 38 m Steighöhe. Der fünfteilige Leiterpark verfügt über einen mechanischen Antrieb und ist auf einem mit einem Zweitakt-Dieselaggregat motorisierten Mustang-Fahrgestell montiert.

Mercedes-Benz LF 5000/52 DL 30 mit Metz-Aufbau

Auf einem Mercedes-Benz-Schwerlastfahrgestell LF 5000 fertigte Metz 1952 diese DL 30 mit mechanischem Leiterantrieb für die Berufsfeuerwehr Krefeld. Die mit einem 120 PS starken Sechszylinder-Dieselmotor ausgestattete Drehleiter stellte seinerzeit das modernste Hubrettungsfahrzeug des Karlsruher Drehleiterspezialisten dar.

Magirus-Deutz DF Mercur 125 DL 30 h mit Magirus-Aufbau

Zu den meist verkauften Drehleiterfahrzeugen in Deutschland gehörte in den 1950er Jahren diese auf einem Magirus Deutz-Rundhauber-Fahrgestell mit Staffelkabine montierte DL 30 mit hydraulischem Leiterantrieb. Das gezeigte Fahrzeug wurde 1958 an die Berufsfeuerwehr Solingen geliefert und ist heute Bestandteil des dortigen Museumslöschzuges.

Magirus-Deutz Pluto S 3500 DL 18 mit Magirus-Aufbau

Im Gegensatz zu den meisten Wehren jener Zeit, beschaffte die Freiwillige Feuerwehr Herten 1955 ihre neue Magirus-Drehleiter mit einem Truppführerhaus anstelle der deutlich weiter verbreiteten Staffelkabine. Zeitgenössische Innovationen der heute als Museumsfahrzeug vorgehaltenen DL 18 sind ein Belastungsanzeiger für den Leiterpark sowie dessen elektrischer Antrieb.

Freiw. Feuerw.
Stadt Gelnhausen

GMC CCKW 353 DL 16 mit Metz-Aufbau

Stellvertretend für die vielen in Deutschland nach Kriegsende auf ausgemusterten Armeefahrgestellen der Alliierten aufgebauten Drehleiterfahrzeuge, steht diese 1957 von der Freiwilligen Feuerwehr Gelnhausen in Eigenleistung entstandene DL 16. Als Basisfahrzeug diente ein US-Militärlastwagen des Typs GMC CCKW 353 mit Allradantrieb, auf dem eine vorhandene Metz-Einachs-Holzleiter aus dem Jahr 1931 montiert wurde.

IFA S 4000-1 DL 25 h mit FGL-Aufbau

Vor dem Hintergrund fehlender Devisen, die eine Beschaffung von Drehleiterfahrzeugen im Ausland unmöglich machten, erhielt das bis dahin auf den Bau von Löschgruppenfahrzeugen spezialisierte VEB Feuerlöschgerätewerk Luckenwalde unmittelbar nach dem Mauerbau den Auftrag zur Entwicklung der ersten DDR-Einheitsdrehleiter. Das Ergebnis war diese im Jahr 1963 vorgestellte DL 25 auf dem Chassis eines IFA S 4000-1 mit hydraulischem Leitersatz und Fallspindelabsicherung.

Mercedes-Benz L 1920 GM 26-1 mit Simon-Wumag-Aufbau

Die 1966 von der Berufsfeuerwehr Stuttgart beschaffte GM 26-1 war die erste in Deutschland in Dienst gestellte Gelenkmastbühne. Trägerfahrzeug war ein Mercedes-Benz L 1920 mit 210 PS Leistung. Der Aufbau stammte vom englischen Hersteller Simon und war von seinem deutschen Generalimporteur Wumag in Krefeld montiert worden. Der mit 360 kg belastbare Rettungskorb der „Simon Snorkel 85 feet" genannten Hubkonstruktion ließ sich auf eine maximale Höhe von 24,5 m ausfahren und entsprach damit dem in Deutschland geltenden Standard. Das Fahrzeug bewährte sich gut, so dass einige Jahre später eine zweite Gelenkmastbühne mit Staffelkabine in Dienst gestellt wurde.

IFA W 50 L7Dl DL 30 mit FGL-Aufbau

Ab 1968 wurde vom VEB Feuerlöschgerätewerk Luckenwalde das größere IFA-Frontlenker-Fahrgestell W 50 L als Basisfahrzeug für die neu entwickelte DL 30 verwendet. Das abgebildete Fahrzeug stammt aus dem ersten Modelljahr und wurde seinerzeit der Feuerwehr Dresden zugeteilt, die es 1973 an die Feuerwehr Riesa weitergab.

Mercedes-Benz LF 1413 ADL 30 mit Metz-Aufbau

Auf einem Mercedes-Benz LF 1413-Fahrgestell fertigte Metz 1970 diese ADL 30 mit Rettungskorb und 30 m Steighöhe. Zur Anhebung von Lasten befand sich vorne am Leiterpark eine 3-t-Hebevorrichtung, mit der z.B. Fahrzeuge bei Verkehrsunfällen geborgen werden konnten. Eingesetzt wurde dieses Modell von der Feuerwehr Zug in der Schweiz.

Magirus-Deutz 170 D 12 F Dl 30 h mit Magirus-Aufbau

Die Frontlenker-Fahrgestelle aus dem Hause Magirus-Deutz verkörpern für viele Feuerwehrinteressierte „das" Feuerwehrfahrzeug der siebziger und achtziger Jahre. Bei der hier vorgestellten Drehleiter handelt es sich um eine 1974 an die Berufsfeuerwehr Duisburg gelieferte Dl 30 h (ab 1980 als DLK 23-12 bezeichnet) mit Rettungskorb und einem geschweißten, vierteiligen Leitersatz, der sich für bodennahe Einsätze um 17 Grad absenken ließ.

4·33·2
FEUERWEHR
RE 2998

Mercedes-Benz 1422 DLK 23/12 mit Metz-Aufbau

Aus der jahrzehntelang bewährten Kooperation zwischen Mercedes-Benz und Metz ging 1987 diese DLK 23/12 auf einem 240 PS starken 1422-Fahrgestell hervor. Die noch mit einer konventionellen Leitersteuerung ausgestattete Standarddrehleiter ist mit einem Truppführerhaus ausgestattet, das spätestens seit der Umstellung auf Frontlenker-Fahrgestelle die Staffelkabine nahezu überall verdrängt hat.

IVECO-Magirus 140 25 A DLK 23/12 CC mit Magirus-Aufbau

Das in den achtziger Jahren von Magirus eingeführte computerunterstützte Sicherheitssystem „CC" erleichterte die Aufrüstung und den Betrieb des Leiterparks ganz beträchtlich. Dank Computerassistenz mussten die wichtigsten Leiterparameter nun nicht mehr allein durch den Maschinisten überwacht und berechnet werden. Standardträgerfahrzeug der ersten CC-Generation war der IVECO-Magirus 140-25.

Mercedes-Benz 1524 DLK 23/12 mit Metz-Aufbau

Nur wenig Interessenten fand die von Metz angebotene DLK 23/12 auf dem mit 4190 mm vergleichsweise kompakt gehaltenen Fahrgestell des Mercedes-Benz 1524. Das hier gezeigte Fahrzeug aus dem Jahr 1995 wurde von der Feuerwehr Oer-Erkenschwick in Dienst gestellt.

IVECO
MAGIRUS
30m
28m
26m
24m
FEUERWEHR
STADT BOTTROP
FEUERWEHR
MAGIRUS
BOT 244

IVECO-Magirus 150 E 27 DLK 23/12 n.B. mit Metz-Aufbau

1979 entwickelte Magirus in enger Zusammenarbeit mit der Berufsfeuerwehr München mit der DLK 23/12 n.B. die erste Drehleiter niederer Bauart, die durch ihre kompakte Bauhöhe von nur 2,85 m gegenüber 3,20 m deutlich gefahrloser durch städtische Unterführungen etc. bewegt werden kann. Das Foto zeigt die 1998 in Betrieb genommene Niederflurleiter der Feuerwehr Bottrop.

MAN 15.284 TMF mit Magirus-Aufbau

Die Teleskop-Gelenkmastbühne des Typs Magirus ALP 32 erreicht eine Rettungshöhe von 30 m und kann selbst mit einer maximalen Korblast von 450 kg auf 21 m Ausladung ausgefahren werden. Das abgebildete Fahrzeug basiert auf einem MAN-Fahrgestell mit 279 PS Leistung und wurde 2001 an die Freiwillige Feuerwehr Altenkirchen geliefert.

IVECO-Magirus 150 E 28 DLK 23/12 n.B. GL CS mit Magirus-Aufbau

Die im September 2005 beschaffte DLK 23/12 n.B. GL CS der Feuerwehr Herne gehört bereits zu der vom Hersteller als „NewFace" bezeichneten modellgepflegten n.B.-Generation. Dem Wunsch vieler Maschinisten gehorchend, erhielt das facegeliftete Trägerfahrzeug ein Führerhaus mit weit herunter gezogenen Seitenfenstern und deutlich größeren Außenspiegeln. Die Bezeichnung „GL" weist auf den um 75 Grad abwinkelbaren Gelenkarm am Leiterpark hin.

Mercedes-Benz Econic 3233 TMF 54 mit Bronto Skylift-Aufbau

Seit 2005 befindet sich dieses auf einem niedrigen Mercedes Benz Econic-Fahrgestell aufgebaute TMF 54 der Bronto Skylift-Reihe RLX im Bestand der AIRBUS-Werkfeuerwehr Hamburg. Das Kürzel RLX steht für „Rescue Ladder Extra Versatile", was auf die gehobenen Eigenschaften dieser Baureihe hinweisen soll. Als konventionelle Hubrettungsbühnen sind die RLX-Bühnen mit einem Rettungskorb mit ausfahrbarem Korbarmausleger ausgerüstet. Die Bandbreite der angebotenen Arbeitshöhen reicht derzeit von 32 m bis 55 m.

Mercedes-Benz Actros 2641 L 6x4 NLA TMF 54 mit Ziegler-Aufbau

Der 2006 beschaffte Teleskopmastwagen der Berufsfeuerwehr Dortmund ist derzeit das Hubrettungsfahrzeug mit der größten Rettungshöhe einer städtischen Feuerwehr in Deutschland. Der auf einem Mercedes-Benz Actros-Fahrgestell mit 408 PS Leistung montierte Bronto Skylift F 54 RLX erreicht eine Rettungshöhe von 54 m bei einer maximalen Ausladung von 27,50 m. Eingesetzt wird der mit gelenkten Nachlaufachsen ausgestattete Riese für Rettungen aus großen Höhen sowie bei Bränden von Hochhäusern und Industriegebäuden. Im Brandeinsatz übernehmen zwei Löschzüge der Freiwilligen Feuerwehr seine Versorgung mit Löschwasser.

Mercedes-Benz Econic NL 1828 DLK 23/12 CS LH mit Magirus-Aufbau

Dass Magirus beim Thema Niederflurleiter nicht nur auf konzerneigene Fahrgestelle setzt, zeigt diese mit einem tiefliegenden Mercedes-Benz Econic-Fahrgestell ausgerüstete DLK 23/12 der Berufsfeuerwehr Duisburg. Für eine hohe Wendigkeit sorgt bei diesem Fahrzeug die erstmals 1996 eingeführte Hinterachszusatzlenkung, mit welcher vor allem fehlgeparkte Autos bequem „umschifft" werden können.

MAGIRUS
Feuerwehr
MAGIRUS
IVECO
FEUERWEHR
EUROFIRE
BO 2607

IVECO EuroFire 150 E 28 DLK 23/12 Vario CS mit Magirus-Aufbau

Diese auf einem IVECO EuroFire 150 E 28-Fahrgestell montierte DLK 23/12 Vario CS mit aktiver Schwingungsdämpfung und Varioabstützung war bei ihrer Indienststellung 2006 die modernste Magirus-DLK in Deutschland. Inzwischen gehört ihre technische Ausstattung zum Standardrepertoire jeder neu beschafften Drehleiter. Das bei deutschen Feuerwehren vergleichsweise selten verwendete Trägerfahrzeug verfügt über ein 279 PS starkes Reihensechszylinder-Dieseltriebwerk mit beachtlichen 1000 Nm Drehmoment.

Mercedes-Benz Atego 1528 DLK 23/12 PLC III mit Metz-Aufbau

Die von Metz als L32 bezeichnete DLK 23/12 ist die weltweit meistverkaufte Drehleiter des Karlsruher Herstellers. Die mit einem vollelektronischen Leitermanagement und einer automatischen Leiterstabilisierung ausgestattete Hightech-Leiter erreicht mit Korb eine Rettungshöhe von über 32,8 m bei einer Ausladung von 23,8 m. Mit einer Rüstzeit von nur 70 Sekunden trug ihre Entwicklung maßgeblich zur Optimierung der Hubrettung bei.

Mercedes-Benz Actros 2535 DL A (K) 53 CAN-Automotiv mit Metz-Aufbau

Die sowohl international, als auch bei deutschen Werkfeuerwehren gleichermaßen beliebte L 53 war bis zur Einführung der L 56 und L 62 im Jahr 2010 das höchste von Metz gebaute Hubrettungsgerät. Es besteht aus einem sechsteiligen Leitersatz mit einer Arbeitshöhe bis zu 53 m bei einer Korbbodenhöhe von rund 51 m. Die Steuerung erfolgt per CAN-Bus. Im Gegensatz zu ihrem Nachfolger besitzt die L 53 noch keinen Stülpkorb.

Scania P 114 GB TLK 23/12 mit Ziegler-Aufbau

Die von Ziegler aufgebaute TLK 23/12 ist in ihrer Höhenklasse eines der wendigsten Hubrettungsfahrzeuge, da der von Bronto Skylift zugelieferte Teleskoparm überhanglos mit dem Führerhaus abschließt. Dem bei Teleskopmastsystemen häufig kritisierten Nachteil der Bauart bedingten Einschränkung bei der Personenrettung wird hier mit zusätzlich angebrachten Steigleitern begegnet. Als Trägerfahrzeug dient ein Scania P 114 GB mit Allison-Getriebe und 340 PS Leistung.

Mercedes-Benz Actros 3332 TMF 54 mit Bronto Skylift-Aufbau

Die vom finnischen Hersteller Bronto Skylift gefertigte HDT-Reihe (Heavy Duty Telescopic) basiert auf einer „zivilen" Teleskopmastkonstruktion, die für den Feuerwehreinsatz weiterentwickelt wurde. Zur Zeit besteht die Reihe aus Modellen mit Rettungshöhen von 36 m bis 78 m. Als Fahrwerk können Fahrgestelle aller gängigen Anbieter geordert werden.

Mercedes-Benz Econic 1833 TGM 32 mit BAI-Aufbau

Eines der prominentesten Hubrettungsfahrzeuge ist dieser TGM 32 der Vatikan-Feuerwehr. Die vom italienischen Feuerwehrspezialisten BAI aufgebaute Teleskopmastbühne ist für eine maximale Rettungshöhe von 32 m ausgelegt und das einzige Feuerwehrfahrzeug des Vatikans, das nicht im Freien abgestellt wird. Als Trägerfahrzeug dient ein Mercedes-Benz Econic 1833.

Mercedes-Benz Econic 1833 TLK 32 mit Rosenbauer-Aufbau

Die Bronto Skylift TLK 32 vereint Hubrettungsbühne, Löschwasserführung und vollwertige Rettungsleiter in einem Gerät. Die grundsätzlich auf zweiachsigen Fahrgestellen aufgebauten TLK 32 gehören mit einer Gesamtlänge von 9 m und einer Transporthöhe von 3 m zu den kompaktesten Hubrettungsfahrzeugen und eignen sich dadurch besonders für enge Straßen und Gassen. Das System ist sowohl nach DIN EN 14043 für Drehleitern, als auch nach der Euro-Norm EN 1777 für Hubrettungsbühnen zertifiziert. Für den Aufbau des gezeigten Fahrzeugs der Feuerwehr Bad Bentheim zeichnete die Firma Rosenbauer verantwortlich.

Mercedes-Benz Atego 1520 DLK 23/12 Vario CC mit Magirus-Aufbau

Durch die Verwendung eines fünfteiligen Leiterparks konnte die Gesamtlänge der DLK 23/12 Vario CC auf nur noch 8,80 m reduziert werden. Der Wendekreisdurchmesser ist mit 17,40 m (über Korb) vergleichsweise kurz und überschreitet die Werte einer DLK mit lenkbarer Hinterachse nur unwesentlich, weshalb die meisten Feuerwehren dieser konventionellen, deutlich wartungsärmeren Bauart den Vorzug geben.

Mercedes-Benz Econic 1833 LL TLK 23-12 mit Ziegler-Aufbau

Äußerst dynamisch kommt die von Ziegler mit Bronto Skylift-Technologie aufgebaute TLK 23-12 in Verbindung mit dem niedrig bauenden Mercedes-Benz Econic-Fahrgestell daher. Rettungshöhe und Nennausladung der Gelenkmastbühne entsprechen der konventionellen DLK 23-12.

MAN TGM 15.290

Wenn es darauf ankommt, Menschen aus großen Höhen oder unzugänglichen Gebäuden zu retten, kommt die Drehleiter oder die Teleskopmastbühne als rettender Ausweg zum Einsatz. Dabei können sie in einer Höhe von bis zu 60 m Menschenleben retten.

Die hier gezeigten sechs MAN TGM 15.290 mit Drehleiteraufbauten von Metz stellten Feuerwehren im Bundesland Sachsen-Anhalt im Sommer 2013 in Dienst.

Scania P 400 10x4 TMLF mit KENBRI-Aufbau

Um eine der technisch interessantesten Teleskop-Gelenkmastbühnen in Europa handelt es sich bei diesem im Jahr 2012 in Dienst gestellten Universalfahrzeug der Werkfeuerwehr der BP-Raffinerie in Rotterdam-Rijnmond. Das vom holländischen Anbieter KENBRI aufgebaute Modell mit Bronto Skylift-Technik erreicht eine Rettungshöhe von 28 m bei einem maximalen Korbgewicht von 325 kg. Der Ausleger ist zugleich als Löscharm mit einer Löschkapazität von 6000 l/min ausgelegt. An Löschmitteln können 11.000 l Wasser und 4200 l Schaummittel gebunkert werden. Als Fahrgestell dient ein Scania P 400 mit Staffelkabine.

Scania P 360 LB TMLF mit Bronto Skylift-Aufbau

Die vom Hersteller Bronto Skylift als Allrounder bezeichnete Modellreihe CTL vereint die Vorzüge einer Teleskopmastbühne mit denen eines flexibel einsetzbaren Tanklöschfahrzeugs mit Löscharm. Je nach Kundenwunsch sind Transportvolumen bis 11.000 l und Förderleistungen bis 6000 l/min realisierbar, so dass diese Baureihe sowohl als Hubrettungsfahrzeug, Bergungsgerät, Erstangriffsfahrzeug oder Tanklöschfahrzeug einsetzbar ist. Die Abbildung zeigt ein für Australien bestimmtes Exportmodell mit 17 m Arbeitshöhe.

Scania P 420 LB TMB mit Bronto Skylift-Aufbau

Seit 2012 nennt die Werkfeuerwehr der Ruhr Oel Gelsenkirchen diese auf einem Scania-Fahrgestell aufgebaute Teleskopmastbühne F 44 RPX ihr Eigen. Die bei diesem Fahrzeug auf 44 m ausfahrbare Teleskopmasttechnik ist mit der des Schwestermodells RLX identisch; allerdings wurde hier auf eine zusätzliche Rettungsleiter verzichtet. Mit Rettungshöhen von 32 m bis 70 m ist die RLX-Reihe vor allem für Werk- und Großstadtfeuerwehren interessant.

MAN LE 15.280 DLA (K) 23/12 L32 CAN-Automotiv mit Metz-Aufbau

Die intern EU-normgerecht als „DLA (K)“ bezeichnete vollautomatische Metz-Drehleiter L32 verfügt über einen fest montierten Rettungskorb und ist zur Erhöhung der Fahrsicherheit an der Hinterachse mit einer Luftfederung ausgestattet. Mechanisch entspricht der Leiterpark der bereits vorgestellten L32 mit PLC III-Technologie. Basisfahrzeug der hier gezeigten Drehleiter der Feuerwehr Castrop-Rauxel ist ein von MAN zugeliefertes Leichtfahrgestell LE 15.280 mit 280 PS Leistung.

EHR
FEUERWEHR
Castrop-Rauxel
LE15.280
DLK 23/12-1
L32
L32
112

Feuerwehr Spezial – Brandklassen & Sirenensignale

Die Bandbreite der verwendeten Löschmittel ist sehr umfangreich, denn ein universell einsetzbares Produkt gibt es nicht. Je nach chemischer Zusammensetzung oder physikalischer Besonderheit des in Brand geratenen Stoffes, muss der Löschangriff mit speziell darauf abgestimmten Löschmitteln erfolgen. Damit es in der Praxis nicht zu Fehlanwendungen kommt, hat der Gesetzgeber die verschiedenen Materialien in fünf Brandklassen unterteilt. Diese gelten natürlich nicht nur für die Feuerwehr, sondern auch im Haushalt oder Berufsalltag bei der Auswahl des richtigen Feuerlöschers:

Feuerlöschpulver

Das für die Brandklassen A, B und C zugelassene Feuerlöschpulver ist das am universellsten einsetzbare Löschmittel. Bei Bränden der Brandklasse A bildet sich durch ABC-Pulver eine isolierende Schmelzschicht aus, die dem Feuer die Sauerstoffzufuhr absperrt. Bei Bränden der Klassen B und C greift das Pulver direkt in den Verbrennungskreislauf ein und bewirkt eine Kettenabbruchreaktion.

Der Nachteil des Pulverlöschens ist seine hohe Staubbelastung, die zu nachhaltiger Beschädigung empfindlicher Technik, wie z.B. Computer oder Klimaanlagen, führen kann.

Schaummittel

Der Einsatz von Schaummitteln ist für die Brandklassen A und B zugelassen und eignet sich vor allem für die Bekämpfung von Oberflächenbränden. Bei Tropfbränden ist ihre Wirkung dagegen gering. Es werden synthetische und Proteinschaummittel verwendet. Beide bilden auf brennenden Flüssigkeiten, die leichter als Wasser sind, eine gasdichte Schaumschicht, die sich über die gesamte Oberfläche ausbreitet und das Feuer erstickt. Durch ihren Kühleffekt können die Schäume auch bei Bränden fester Stoffe der Brandklasse A eingesetzt werden. Da die heutigen Schaummittel biologisch abbaubar und gesundheitlich unbedenklich sind, werden sie bevorzugt bei Wohnungsbränden eingesetzt.

Kohlenstoffdioxid

Kohlenstoffdioxid wird bei Bränden der Brandklassen B und C verwendet. Das CO_2 verdrängt den Luftsauerstoff und entzieht dem Feuer damit die „Nahrung". Aufgrund der erstickenden Wirkung müssen vor dem Löschangriff alle in der Nähe befindlichen Personen evakuiert werden. Der Löschangriff selbst ist nur mit Atemschutz durchführbar. Das Kohlenstoffdioxid ist das sauberste Löschmittel, da es rückstandsfrei löscht und keine Schäden an technischen Geräten etc. hinterlässt.

Übersicht Brandklassen nach der Europäischen Norm EN 2

Brandklasse		Löschmittel	Anmerkung
 A	Brände fester, zumeist organischer Stoffe, die im Normalfall unter Glutbildung verbrennen, wie z.B. Holz, Papier, Stroh oder Kohle	ABC-Pulver, Feuerpatsche, Löschdecke, Schaum, Wasser	
 B	Brände von flüssigen oder flüssig werdenden Stoffen, wie z.B. Alkohol, Benzin, Lack oder Teer	ABC-Pulver, BC-Pulver, Kohlenstoffdioxid, Schaum	Dazu zählen auch Stoffe, die durch Temperaturerhöhung flüssig werden.
 C	Brände von Gasen, wie z.B. Butan, Erdgas, Propan oder Wasserstoff	ABC-Pulver, BC-Pulver, Kohlenstoffdioxid (nur bedingt tauglich)	Vor dem Löschen die Gaszufuhr abstellen!
 D	Brände von Metallen, wie z.B. Aluminium, Eisen, Kupfer oder Lithium	Metallbrandpulver	Nicht mit Wasser löschen!
 F	Brände von Fetten und Speiseölen pflanzlicher und tierischer Herkunft in Frittier- und Fettbackgeräten und anderen Küchengeräten	Fettbrandlöscher mit Speziallöschmittel	Nicht mit Wasser löschen!

Wasser

Das weltweit meist verwendete Löschmittel ist Wasser. Der Grund dafür ist nicht nur seine universelle Verfügbarkeit, sondern auch seine hohe Wärmekapazität. Wie kein anderes Element kann H_2O die höchste Wärmemenge pro Mengeneinheit aufnehmen und somit dem Feuer die Energie entziehen.

Das Löschen mit Wasser hat allerdings auch gravierende Nachteile, weshalb es nur für Brände der Brandklasse A geeignet ist. Da sich Wasser beim Verdampfen schlagartig ausdehnt, kann es jederzeit zu gefährlichen Verpuffungen kommen. Aus diesem Grund darf es auf keinen Fall in der Brandklasse E eingesetzt werden, da bei einer Verpuffung die Wassermoleküle das heiße Fett bzw. Öl mit sich reißen und im Raum verteilen würden. Die Folge wären erhebliche Brandverletzungen und eine unkontrollierte Ausdehnung des Brandes. Hinzu kommt, dass der Wasserdampf mehr als die doppelt so hohe Temperatur wie siedendes Wassers erreicht, was bei Kontakt mit der Haut zu tödlichen Verbrühungen führen kann.

Außerdem kann Wasser nicht zum Löschen wasserabweisender Materialen benutzt werden, da es nicht in deren Oberfläche eindringen kann. Zudem sind die durch das Löschwasser verursachten Begleitschäden häufig höher als die eigentlichen Brandschäden.

Metallbrandpulver

Metallbrandpulver oder auch D-Pulver ist das einzige für die Brandklasse D zugelassene Löschmittel. Das aus gemahlenen Alkalichloriden (in der Regel Natriumchlorid) bestehende Spezialpulver verfügt über eine extrem hohe Reaktionszeit und Temperaturbeständigkeit und wird brauseartig auf das brennende Metall aufgetragen, wo es eine luftdichte Sinterschicht ausbildet, die für eine Unterbrechung der Sauerstoffzufuhr sorgt.

Nachteile des Metallbrandpulvers ist seine alkalische Wirkung in Verbindung mit seiner weitflächigen Verstaubung, wodurch es auch weit abseits des Brandherdes zu massiven Rostschäden kommen kann.

Feuerpatsche und Löschdecke

Feuerpatsche und Löschdecke (früher auch Brandlaken) gehören zu den ältesten mechanischen Löschmitteln und werden für die Bekämpfung von Kleinstbränden der Brandklasse A eingesetzt. Die an einem circa 2 m langen Stiel montierte Feuerpatsche besteht aus fächerförmig angeordneten Blechstreifen, mit denen das Feuer regelrecht ausgestrichen wird. Bei dieser Bewegung entsteht ein Unterdruck, der die Flammen erstickt. Da die Wirkung der Feuerpatsche begrenzt ist, sollte allerdings in jedem Fall mit Wasser nachgelöscht werden.

Eine Löschdecke wird zum Abdecken und damit zum Ersticken des Brandes benutzt. Außerdem kann sie zum Löschen von brennender Kleidung an Personen verwendet werden. Heutige Ausführungen – Standardmaß beträgt 2,00 x 1,60 m – bestehen aus brandhemmenden bzw. nicht brennbaren Geweben.

Zivilschutz- und Sirenensignal in Deutschland

Seit 1975 kommt in Deutschland als Katastrophenwarn- und Alarmsignal ausschließlich ein ursprünglich als Luftalarm verwendeter einminütiger auf- und abschwellender Heulton zur Anwendung. Das Signal bedeutet in Nichtkriegszeiten, dass geschlossene Räume aufzusuchen sind sowie Fenster und Türen geschlossen und Klimaanlagen ausgeschaltet werden sollten. Außerdem ist das Radio einzuschalten, in welchem auf bestimmten Sendern (zumeist Programmen mit Verkehrsfunk) spezielle Verhaltensregeln bekannt gegeben werden. Nach Ende der Gefahrenlage kann ein einminütiger Dauerton zur Entwarnung gegeben werden.

Im Friedensfall nutzen die Feuerwehren die Sirenenanlagen zur Alarmierung der freiwilligen Feuerwehrkräfte im Ort. Das drei Mal 12-sekündige Signal mit jeweils gleichlanger Pause hat somit auch nur für Mitglieder der Freiwilligen Feuerwehr eine Bedeutung.

Kapitel 4
Feuerwehr-Sonderfahrzeuge

Als Feuerwehr-Sonderfahrzeuge bezeichnet man alle Einsatzfahrzeuge, die nicht unmittelbar der Brandbekämpfung dienen sowie alle nicht genormten Löschfahrzeuge. Zur ersten Kategorie gehören die Fahrzeuge für Technische Hilfeleistungen. Darunter zählen beispielsweise die Bergung im Wasser verunfallter Personen, die Bekämpfung einer Umweltverschmutzung oder die Hilfeleistung bei einem Verkehrsunfall. Zu den bekanntesten Hilfeleistungsfahrzeugen der deutschen Feuerwehren gehören der Rüstwagen und der Gerätewagen; zu den spektakulärsten die nur von wenigen Großstadtwehren für Bergungseinsätze bei Unfällen und Großschadensereignissen vorgehaltenen Feuerwehrkräne und Radlader. Eine besondere Rolle unter den Sonderfahrzeugen nehmen die Einsatzleitwagen ein, die bei einem Schadendsereignis die Koordination des Einsatzes vor Ort sicherstellen.

Rüstwagen (RW)

Ein Rüstwagen ist ein für technische Hilfeleistungen konzipiertes, genormtes Spezialfahrzeug mit Allradantrieb, das als eine Art „rollendes Magazin“ die Einsatzkräfte vor Ort mit technischem Gerät versorgt. Zu seiner umfangreichen Beladung gehören schweres Rettungsgerät ebenso, wie Werkzeug, Stromerzeuger, Seilwinden oder Lichtanlagen. Die Besatzung besteht aus einem Trupp, weshalb der Rüstwagen im Regelfall nie allein agiert, sondern nur im Verbund mit anderen Fahrzeugen (Rüstzug, Löschzug oder als Begleitfahrzeug eines Feuerwehrkrans) ausrückt. Den ersten Rüstwagen der Welt präsentierte Magirus im Jahr 1951. Bereits ein Jahr später folgte eine Ausführung mit Kranaufbau.

Gerätewagen (GW)

Gerätewagen sind die Lastesel unter den Feuerwehrwagen und werden als solche in verschiedenen Bereichen eingesetzt. Im Gegensatz zum Rüstwagen, transportieren sie umfangreiches Gerät für nur einen Aufgabenbereich, wie z.B. den Umweltschutz oder die Wasserrettung. Aufgrund der vielfältigen Einsatzmöglichkeiten sind nur wenige Gerätewagen genormt. Da der Gerätewagen allein ausrücken kann, ist seine Kabine für Staffel- oder Gruppenbesatzung ausgelegt. Aus ökonomischen Gründen verwenden allerdings viele Wehren inzwischen anstelle eines speziellen Gerätewagens ein Wechselladerfahrzeug mit entsprechendem Abrollbehälter.

Einsatzleitwagen (ELW)

Einsatzleitwagen sind die Führungsfahrzeuge der Feuerwehr. Das kleinere ELW 1 ist das Standardführungsfahrzeug und findet bei Einsätzen bis zum mittleren Umfang Verwendung. Das größere ELW 2 wird dagegen bei Großschadensereignissen als mobile Einsatzzentrale genutzt. Es verfügt über eine direkte Anbindung an den Einsatzleitrechner der Leitstelle und ist mit einem Konferenzraum zur Lagebesprechung ausgestattet.

Magirus-Deutz S 6500 RKW 7 mit Magirus-Aufbau

Eine interessante Kombination aus Rüstwagen und 7-t-Kran stellte dieser 1953 für die Feuerwehr Reutlingen gebaute RKW 7 auf dem Fahrwerk eines 175 PS starken Magirus-Deutz S 6500 dar. Zur Ausrüstung des Rüstkranwagens gehörten unter anderem ein Stromgenerator, eine Heckspillanlage sowie ein um 360 Grad drehbarer 7-t-Kran.

Magirus-Deutz F Jupiter A RKW 10 mit Magirus-Aufbau

Mit einer Traglast von 10 t war der RWK 10 deutlich leistungsfähiger als der leichtere RWK 7. Dennoch reichte auch seine zulässige Kranlast in vielen Fällen nicht aus, so dass man das Thema Rüstkranwagen zunächst nicht mehr weiterverfolgte und sich stattdessen der Entwicklung spezieller Feuerwehrkranwagen zuwandte.

Magirus-Deutz F Jupiter A RWK 10 mit Magirus-Aufbau

Bei diesem bauartgleichen Fahrzeug erkennt man sehr gut die Funktionsweise der von Demag gelieferten 10-t-Krananlage, die den Rüstkranwagen zusammen mit der Heckspillanlage und der 8-t-Vorbauwinde zu einem universell einsetzbaren Bergungs- und Hilfeleistungsfahrzeug machte.

Feuerwehr
Iserlohn
RKW 10

Steyr 586 RF mit Rosenbauer-Aufbau

Um einen Rüstwagen im klassischen Sinn handelt es sich bei diesem auf dem Foto rechts abgebildeten Einsatzfahrzeug der Betriebsfeuerwehr der Vereinigten Metallwerke Ranshofen-Berndorf in Österreich, der mit einer Vorbauwinde, Stromerzeuger und Dachleiter verlastet war. Während diese Fahrzeuggattung in Deutschland „Rüstwagen“ genannt wird, hat sich hierfür in der Alpenrepublik die Bezeichnung Rüstfahrzeug (RF) durchgesetzt.

Mercedes-Benz Unimog 1300 L RW 1 mit Wackenhut-Aufbau

Als ein seit 2002 nicht mehr genormter Rüstwagen fungierte dieser RW 1, der vorrangig von kleinen und mittelgroßen Feuerwehren beschafft wurde. Der für ein maximales Gesamtgewicht von 9 t zugelassene RW 1 wurde zumeist auf Unimog- oder MAN-VW-Fahrgestellen aufgebaut. Zu seiner umfangreichen Beladung gehört auch ein kompletter Rettungssatz, bestehend aus Schneid- und Spreizwerkzeug, Luftheber, Brennschneider, Greifzug, Stromerzeuger und Lichtmast. Zudem ist an der Fahrzeugfront eine 5-t-Winde installiert.

Mercedes-Benz Axor 1833 4x2 RW-Schiene mit Lentner-Aufbau

Seit August 2012 befindet sich mit dem neuen RW-Schiene die dritte Generation schienentauglicher Rüstwagen im Bestand der Berufsfeuerwehr Frankfurt/Main. Die in enger Zusammenarbeit mit der Verkehrsgesellschaft Frankfurt entwickelten Fahrzeuge unterscheiden sich in ihrer Konzeption und taktischen Ausrichtung ganz erheblich von ihren Vorgängern. So ist es erstmals möglich, Schienenfahrzeuge mit einem Gesamtgewicht bis 40 t mit eigener Kraft zu ziehen, was eine selbsttätige Bergung liegengebliebener U-Bahn-Triebwagen erlaubt. Der Antrieb auf der Schiene erfolgt in bewährter Form durch die Bereifung des inneren Zwillingreifens der Hinterachse. Alle Laufräder werden über Trommelbremsen gebremst. Zusätzlich sind eine laufgestellgeführte Magnetschienenbremse sowie eine Sandstreuanlage vorhanden.

Renault Midlum 280.15 RW-Kran mit EMPL-Aufbau

Dass die Kombination aus Rüstwagen und Kran auch international auf große Resonanz stößt, zeigt dieser aus einem Großauftrag für Vietnam stammende RW-Kran auf Basis eines 280 PS leistenden Renault Midlum. Der Sechzehntonner erhielt einen Palfinger-Kran mit 3,30 t Hubkraft und wurde mit einer an die deutsche Staffelkabine angelehnte Doppelkabine bestückt.

Mercedes-Benz Actros 2036 AK RW mit EMPL-Aufbau

In der neuen Feuerwehr-Trendfarbe Weiß präsentiert sich dieser neue Rüstwagen der Berufsfeuerwehr Frankfurt. Der Geräteaufbau wurde von EMPL in der Fire Fighter 2000 Alutech-Spezialleichtbauweise ausgeführt. Er ist verwindungsunempfindlich und über eine 6-Punktlagerung mit dem Fahrgestell verbunden. Das Heck verfügt über eine Ladebordwand mit einer Tragfähigkeit von 2 t. Der heckseitige Laderaum ist für die Aufnahme von drei Rollcontainern ausgeführt. Ein dreh- und schwenkbarer Lichtmast mit vier 1000 W starken Flutlicht-Halogen-Scheinwerfern sorgt für ausreichende Ausleuchtung des Einsatzraumes.

Scania R 400 6x4 RW-Kran mit Rosenbauer-Aufbau

Zu den Giganten unter den Rüstwagen zählt dieser 2010 von Rosenbauer gelieferte RW-Kran der Berufsfeuerwehr Ludwigshafen. Der auf einem Scania-Dreiachs-Fahrgestell mit 480 PS Leistung aufgebaute Rüstkranwagen ist mit einem funkferngesteuerten Fassl-Bergungskran mit einer maximalen Ausladung von 23,80 m ausgerüstet. In der serienbelassenen Führerkabine befinden sich zwei Pressluftatmer. Die Beladung entspricht weitgehend der eines genormten RW.

MAN TGS 18.480 RW-Kran mit EMPL-Aufbau

Als Ersatz für ihr altes Bergefahrzeug erhielt die Berufsfeuerwehr Wolfsburg 2014 diesen in auffälliger Design-Folierung gehaltenen Rüstwagen-Kran. Das von EMPL auf einem 480-PS-MAN-Allradfahrwerk aufgebaute Spezialfahrzeug verfügt über eine am Fahrzeugheck montierte Krananlage von Palfinger sowie eine maschinelle 50-kN-Zugeinrichtung und einen 30-kV-Stromerzeuger. Die weitere Beladung entspricht der eines normalen RW.

Mercedes-Benz Atego 1629 RW mit Lentner-Aufbau

Die Nachfolge des weit verbreiteten RW 2 trat 2002 mit Einführung der DIN 14555-3 der für 14 t Gesamtgewicht zugelassene „Universalrüstwagen" RW an. Zur Standardausstattung des grundsätzlich mit Allradantrieb ausgerüsteten Rüstwagens gehören 308 Einzelteile, wie hydraulische und pneumatische Rettungssätze, Stromerzeuger und Lichtmast. Für die Brandbekämpfung befinden sich lediglich eine Kübelspritze und ein Feuerlöscher an Bord. Die Abbildung zeigt einen im Jahr 2012 von Lentner gebauten RW der Feuerwehr Ebersberg, Oberbayern.

112
FEUERWEHR HATTINGEN
120
DIESEL
FEU

IVECO-Magirus EuroFire 140 E 28 RW 2 mit Magirus-Aufbau

Der hier gezeigte Rüstwagen der Feuerwehr Hattingen ist einer der deutschlandweit letzten in Dienst gestellten RW 2. Wie der kleinere RW 1, fiel auch der für 12 t zugelassene RW 2 im Juni 2002 mit Einführung der DIN 14555-3 aus der Normung. Seine Nachfolge trat der für 14 t Gesamtgewicht zugelassene RW an, dessen Beladung sich nur unwesentlich vom Vorgängertyp unterscheidet.

Mercedes-Benz Unimog S 404 GW-W mit Metz-Aufbau

Der Gerätewagen Wasserrettung wird vor allem von größeren Feuerwehren an Seen oder Flüssen vorgehalten. Der GW-W ist nicht genormt, so dass seine Ausrüstung individuell zusammengestellt sein kann. Zur Standardausstattung gehören in der Regel ein Schlauchboot, Tauchausrüstung, Eisrettungsgerät und Überlebensanzüge. Der GW-W gehört, wie die Abbildung zeigt, zu den ältesten Spezialfahrzeugen der Feuerwehren. Er rückt im Regelfall gemeinsam mit einem Löschgruppenfahrzeug oder Rüstwagen aus.

Mercedes-Benz 308 D GW-G mit Schmitz-Aufbau

Der Gerätewagen Gefahrgut ist für sogenannte ABC-Unfälle gedacht, bei denen es zu atomaren, biologischen und chemischen Gefahren für die Umwelt kommen kann. Verschiedene Behältnisse und Messgeräte, Vollschutzanzüge mit Atemschutz sowie spezielle Werkzeuge für den Explosionsschutz gehören zur Standardausstattung eines jeden GW-G. Eine Norm existiert heute nicht mehr, da die meisten Wehren dazu übergegangen sind, Gerätewagen durch Wechselaufbauten zu ersetzen.

MAN TGM 13.290 GWL-2 mit Lentner-Aufbau

Die Hauptaufgaben des GWL-2 sind neben der Einsatzstellenversorgung, die Beseitigung von Gefahrgut mit dem Lademodul „Gefahrgut" und die Löschwasserversorgung mit dem Lademodul „Wasserversorgung". Der GWL-2 ersetzt den Schlauchwagen. Basisfahrzeug ist ein mittelschweres Allradfahrgestell mit Staffelkabine. Die über eine automatische Ladebordwand zugängliche Ladefläche kann in Planen- oder Kofferbauweise ausgeführt sein und muss über einen separaten Gerätekoffer für die Normbeladung verfügen.

Mercedes-Benz Vario GWL-1 mit Lentner-Aufbau

Der Gerätewagen Logistik ist ein seit 2005 in zwei unterschiedlichen Gewichtsklassen genormtes Transportfahrzeug. Der GWL-1 verfügt über ein Serienfahrgestell „Leicht" mit Straßenantrieb und einer Ladefläche mit Plane oder Kofferaufbau. Sein Lastenheft sieht die Beförderung von mindestens vier Gitterboxen oder Rollmodulen vor. Am Fahrzeugheck muss eine Ladebordwand mit einer Nutzlast von mindestens 750 kg vorhanden sein. Die minimale Nutzlast des Fahrzeugs beträgt 2 t. Die Besatzung des GWL-1 kann wahlweise aus einer Staffel oder einem Trupp gebildet werden.

Mercedes-Benz Artego 818 GW-G mit Ziegler-Aufbau

Bei dem hier gezeigten Gerätewagen Umweltschutz handelt es sich „rechtlich" um einen Gerätewagen Gefahrgut, der – wie bereits vorher beschrieben – bei allen Gefahren für die Umwelt ausrückt. Dieses erfolgt in der Regel in einem Gefahrstoffzug. Wo dieser nicht vorhanden ist, kann der auch solo oder zusammen mit einem Löschgruppenfahrzeug aktiv werden.

Liebherr LTM 1040/1 FwK 40

Bei der Beschaffung von schweren Autokränen greifen die Feuerwehren heute auf bewährte Fahrzeugtypen „von der Stange" zurück, die für den Feuerwehreinsatz nur geringfügig modifiziert werden. So wurde beispielsweise dieser FwK 40 der Feuerwehr Oberhausen für die Bergung von liegen gebliebenen Lkw mit einer zusätzlichen 6-t-Abschleppvorrichtung ausgerüstet. Der Bau spezieller Feuerwehrkräne ist angesichts des technischen Fortschritts im Autokranbau seit den sechziger Jahren passé.

Mercedes-Benz LA 315 S KW 15 mit Metz-Aufbau

Im Gegensatz zum Konkurrenten Magirus, der im Bereich Feuerwehrkranwagen sehr erfolgreich war, blieb es bei Metz bei diesem werksintern als Rüstwagen R15 bezeichneten Einzelstück. Das 1957 an die Berufsfeuerwehr Ludwigshafen gelieferte Spezialfahrzeug basierte auf einem dreiachsigen Allradfahrgestell von Mercedes-Benz und bot mit seiner Staffelkabine Platz für sechs Feuerwehrleute. Die von Demag gelieferte elektromechanische Krananlage hatte eine Hubkraft von 15 t, so dass das Fahrzeug auch zur Bergung von Lkw o.ä. auf Autobahnen eingesetzt werden konnte.

FEUERWEHR
NOTRUF 112

Magirus-Deutz 250 D 25 A KW 16 mit Magirus-Aufbau

Als verbesserte Version des bereits seit Mitte der 1950er Jahre erfolgreichen KW 15, stellte Magirus 1961 den KW 16 vor. Der von einem Zwölfzylinder-Dieselmotor mit 250 PS angetriebene Kranwagen erhielt wiederum einen feststehenden Kranausleger, der nun maximal 16 t heben durfte. Das hier gezeigte Fahrzeug stammt aus dem Jahr 1965 und war bei den Feuerwehren Kassel und Marburg im Einsatz.

IFA G 5 WstW mit VEB Karosseriebau Aschersleben-Aufbau

Für Spezialaufbauten wie diesen Werkstattwagen (WstW) verwendete man in der DDR bevorzugt geländegängige Militärfahrwerke, die auch bei Übungen und Großeinsätzen außerhalb befestigter Wege einen störungsfreien Betrieb gewährleisten sollten.

Hanomag L 28 G MTW mit Hebmüller-Aufbau

Der offene Mannschaftstransportwagen auf Basis des Hanomag Kübelwagens L 28 G entstammte einer Kleinserie des Karosseriebauers Hebmüller – bekannt auch als Hersteller einer speziellen Version des Käfer Cabrio – für die Bereitschaftspolizei. Das hier gezeigte Fahrzeug wurde 1951 in Dienst gestellt und kam später in gleicher Funktion zur Freiwilligen Feuerwehr Herscheid, die das urige Gefährt noch bis 1998 einsetzte.

Borgward B 2000 A MTW (Eigenbau)

Um Geld zu sparen waren viele Feuerwehren gezwungen, vorhandene Fahrzeuglücken mit Umbauten von gebraucht erworbenen Behördenfahrzeugen zu schließen. Hierfür boten sich besonders die geländegängigen Transporter des Bundesgrenzschutzes und der Bundeswehr an.

Der vorgestellte Mannschaftstransportwagen der Feuerwehr Geroldsgrün, Oberfranken, entstand auf einem vom Bundesgrenzschutz ausgemusterten Borgward-Fahrgestell aus dem Jahr 1955.

Frw.Feuerwehr
LANGENBACH
Feuerwehr
112
ARAG

MAN 27.365 VFAE WLF mit Meiller-Aufbau

Wechselladerfahrzeuge (WLF) gehören zu den innovativsten Fahrzeugtypen im Feuerwehralltag, erlauben sie doch eine schnelle und individuelle Anpassung an den jeweiligen Einsatzzweck. Zu den deutschlandweit bekanntesten WLF gehört dieses 1984 in Duisburg beschaffte 365 PS starke „Monster" mit MAN-Meiller-Technik, das auf dem Foto mit einer Minimax-Pulverlöschanlage beladen ist.

1/66/5
STADT DUISBURG
FEUERWEHR
M·A·N

MAN 20.280 DFAEG WLF mit Feka-Aufbau

1981 beschaffte die Berufsfeuerwehr Duisburg dieses vom Feka gebaute WLF auf Basis eines MAN DFAEG-Allradchassis mit V-10-Direkteinspritzer und 320 PS Leistung. Die auf dem Foto zu sehende Beladung ist mit der des zuvor gezeigten MAN-Meiller-Fahrzeugs identisch.

MAN TGA 26.360 6x4 WLF mit Meiller-Aufbau

Inzwischen setzen auch kleine und mittelgroße Wehren auf die Multifunktionalität von Abrollbehältern, wie diese Aufnahme aus Herten zeigt. Der von Heines gebaute Abrollbehälter Tank-Wasser-Schaum (AB-TWS) dient zur Löschwasserversorgung und zur Schaummittelerzeugung am Einsatzort. Sein Tankvolumen beträgt 8000 l Wasser und 500 l Schaummittel. Für die direkte Brandbekämpfung ist ein Wasserwerfer Typ Vector 5000 mit einer Leistung von 2000 l/min montiert.

MAN TGA 35.410 8x8 WLF mit VDL/Michels-Aufbau

Als einer der Pioniere des Wechselladersystems vertraut die Berufsfeuerwehr Duisburg auch bei der Schienenrettung auf Abrollbehälter. Für Hilfeleistungseinsätze im U-Bahn-Bereich lieferte Bucher-Schörling zwei baugleiche, selbstfahrende schienengebundene Abrollbehälter mit Endführerständen und Straßenbahnfahrschaltern. Die von einem Dieselmotor angetriebenen AB-Rüst-Schienen erreichen eine maximale Geschwindigkeit von 15 km/h. In dem mittig angeordneten Laderaum werden Geräte zur technischen Hilfeleistung, wie z.B. Eingleiser, Hebekissen, Seilwinden und Hydraulikzylinder mitgeführt.

Mercedes-Benz Actros 3241 WLF-K mit EMPL-/HIAB-Aufbau

Für die Werkfeuerwehr der BASF Coatings GmbH in Münster fertigte EMPL im Jahr 2014 dieses WLF-K auf Basis eines 408 PS starken Mercedes-Benz Actros. Das mit einem Abrollbehälter Gefahrgut (AB-G) beladene Sonderfahrzeug verfügt über eine zusätzliche Krananlage von HIAB (Hydrauliska Industri AB), die für Bergungs- und Aufräumarbeiten gleichermaßen eingesetzt wird.

MAN TGA 26.310 WLF mit VDL-Aufbau

Auch für den Gefahrguteinsatz stehen Abrollbehälter hoch im Kurs. Die Abbildung zeigt das im Jahr 2006 in Dienst gestellte WLF auf dem Fahrgestell eines MAN TAG 26.310 der Feuerwehr Gladbeck. Hersteller der Wechselladervorrichtung ist die Firma VDL-Containersystem. Für die Entwicklung und Ausstattung des hier verlasteten Abrollbehälters Gefahrgut zeichnete Ziegler verantwortlich.

Volvo FE 320 ASF mit EMPL-Aufbau

Einen immer höheren Stellenwert genießen speziell für den Eigenschutz entwickelte Sonderaufbauten, wie dieses Atemschutzfahrzeug von EMPL. Im engen Dialog mit dem Kunden wurde das Fahrzeug exakt an die Bedürfnisse des Bestellers angepasst und u.a. mit einem Führungsleinensystem für 12 Atemschutzträger, Atemluftkompressoren, Überwachungstafeln, Stromerzeuger, Lichtmast sowie einer komplett eingerichteten Werkstatt ausgerüstet. Als Fahrgestell dient ein Volvo FE 320 mit 320 PS Leistung.

MAN 10.163 Dekon-Lkw P mit EMPL-Aufbau

Der Dekon-Lkw P dient zur Dekontamination von Personen aus verseuchten Gebieten (Stichwort „Schweinepest"). Neben diversen Zelten führt das Fahrzeug auch Behältnisse für Frischwasser und kontaminiertes Abwasser mit. Darüber hinaus gehören diverse Pumpen, Stromerzeuger sowie eine Heizung für Warmwasser und eine Zeltbeheizung zur Standardbeladung. Als Fahrgestell des nicht genormten Sonder-Lkw dient ein MAN 10.163 mit Allradantrieb. In dieser Konfiguration sind seit 1998 insgesamt 371 Fahrzeuge bestellt worden.

112
10·163
Freiw. Feuerwehr
Waltrop

IVECO 180-23 Lkw-Kran mit Atlas-Aufbau

Als Transportgeräte für Schläuche und Nachschubmaterial setzten einige Feuerwehren auf seriennahe Pritschenfahrzeuge. Die Abbildung zeigt den Lkw-Kran der Feuerwehr Recklinghausen, der neben seiner Funktion als Lastesel und Fahrschulwagen, auch fester Bestandteil des zusammen mit GW-Mess, GW-G und LF 16 gebildeten Gefahrstoffzuges ist.

Orenstein & Koppel L 15 Radlader

Für Aufräumarbeiten sowie für den unterstützenden Einsatz bei Schwelbränden unterhalten viele größere Feuerwehren eigene Radladerfahrzeuge, die nicht selten mit feuerwehrtypischen Accessoires wie Blaulicht und Martinshorn ausgerüstet sind. Der knickgelenkte Radlader der Mittelklasse aus dem Lübecker Werk von Orenstein & Koppel ist mit einem 88 PS starken luftgekühlten Fünfzylinder von Deutz, Typ F5L912, motorisiert. Das Fahrwerk des allradangetriebenen Laders aus den 1970er Jahren weist Portalachsen auf, die mit selbstsperrenden Differenzialen und hydraulischen Servobremsen ausgestattet sind.

Die Abbildung zeigt den inzwischen durch ein Neufahrzeug ersetzten Radlader der Berufsfeuerwehr Dortmund.

Mercedes-Benz Zetros 2733 6x6

Der im Jahr 2008 primär für den Militäreinsatz vorgestellte Mercedes-Benz Zetros gehört derzeit zu den spektakulärsten Basisfahrzeugen für Sonderfeuerwehraufbauten. Der alternativ mit 4x4- und 6x6-Fahrwerk lieferbare Geländespezialist wird von verschiedenen Aufbauherstellern angeboten, wobei die aktuelle Modellpalette vom Rüstwagen (Magirus) über S-TLF (Ziegler) bis hin zum FLF (Rosenbauer) und WLF (Atlas) reicht. Als Antrieb des mit einer Wattiefe von beachtlichen 1,20 m auftrumpfenden „Großunimogs" dient ein Sechszylinder-Reihendieselmotor mit 7,2 l Hubraum und einer Leistung von 326 PS.

Mercedes-Benz Actros 3341 8x4 SLF 80/85 mit Ziegler-Aufbau

Ein Riese unter den Sonderlöschfahrzeugen ist dieses 2012 von Ziegler für den Werkfeuerwehreinsatz gebaute SLF 80/85, das mit einem Teleskoplöscharm vom Typ Bronto Skylift F 40 WFT mit einer maximalen Hubhöhe von 40 m bestückt ist. Für einen effektiven Erstangriff verfügt das Fahrzeug über einen 8500-l-Wasser- und einen 1500-l-Schaummitteltank. Bei der verbauten Feuerlöschkreiselpumpe handelt es sich um eine extrem leistungsfähige Ausführung der Bauart FPN-10-8000-1MH. Für eine gute Sicht in dichtem Rauch ist der Löschkopf mit einer Infrarotkamera ausgerüstet. Als Trägerfahrzeug fand ein Mercedes-Benz Actros 3341 mit 408 PS Leistung Verwendung.

MAN TGS 35.440 8x2 ULF 5000/3000/1000/240/HRET mit Rosenbauer-Aufbau

Das 2012 von der Werkfeuerwehr der Infra Leuna GmbH beschaffte Universallöschfahrzeug auf Basis eines MAN TGS 35.440 gehört zu den größten in Deutschland eingesetzten Löschfahrzeugen.

Da in nahezu jedem Anlagenteil des Chemiewerks unterschiedlich spezifische Anforderungen an die Brandbekämpfung und Gefahrenabwehr gestellt werden, ist es mit allen Löschmittelarten (5000 l Wasser, 3000 l Schaum, 1000 kg Pulver, 240 kg CO_2) beladen. Herausragendes technisches Feature ist sein 20 m langer Stinger-Hydromatic-Löscharm mit einer Wurfkapazität von 4000 l/min, der für eine optimale Sicht am Löschkopf mit einer Wärmebild- und Videokamera ausgestattet ist.

MAN TGS 26.400 6x2 ULF 2000/1000/1000/480/60 mit EMPL-Aufbau

Für die von Securitas betriebene Werkfeuerwehr des Chemieparks Bitterfeld-Wolfen fertigte EMPL zwei ULF mit Mannschaftsraum. Die verbaute Einbaupumpe EMPL FPN 10/6000 wird durch einen 2000-l-Wasser- sowie zwei 1000-l-Schaummitteltanks gespeist. Zudem befindet sich eine 480 kg fassende CO_2-Anlage an Bord. Eine absolute Weltneuheit stellt das integrierte Achswiegesystem dar, das den aktuellen Inhalt der CO_2-Anlage permanant überwacht. Eine 60-kg-CO_2-Anlage ist zudem über einen Rollwagen entnehmbar. Ferner ist eine 500-kg-Pulverlöschanlage vorhanden. Technische Besonderheit ist der auf dem Dach montierte Scorpio-Löscharm.

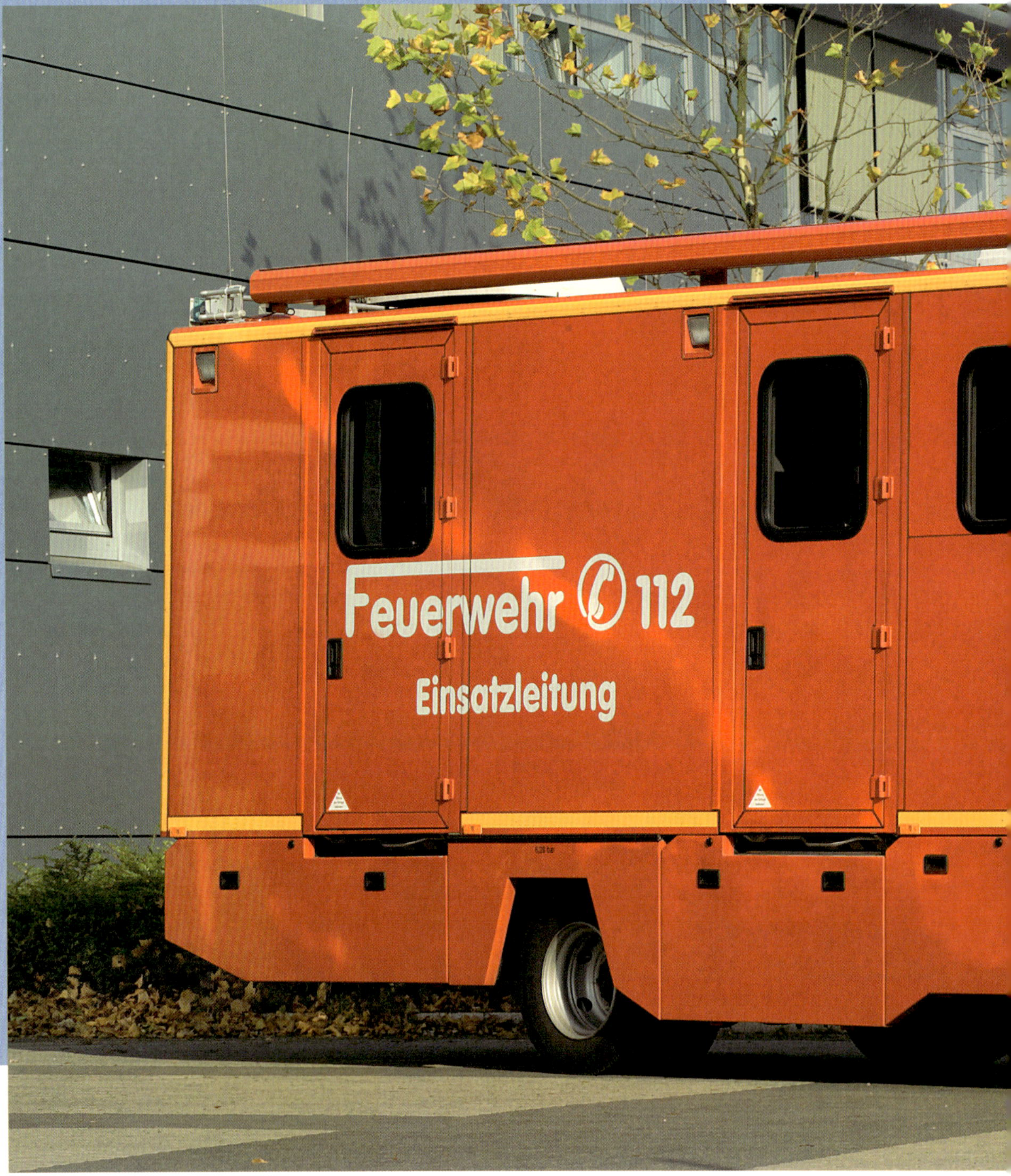
Feuerwehr 112
Einsatzleitung

MAN LE 9.180 ELW mit RKB-Aufbau

Mobile Einsatzleitzentralen haben sich in den letzten zehn Jahren bei fast allen großen Feuerwehren etabliert. Sie kommen bei Großschadenslagen zum Einsatz und erlauben eine direkte Befehlssteuerung am Einsatzort. Neben einer direkten Anbindung an den Einsatzleitrechner ermöglichen derartige Großraumfahrzeuge auch eine externe Kommunikation via Telefon und Internet sowie die Durchführung einsatzspezifischer Krisensitzungen. Das Foto zeigt das von RKB gebaute Einsatzleitfahrzeug der Feuerwehr Recklinghausen.

Mercedes-Benz Integro ELW

Im Jahr 2005 stellte die Behörde für Inneres der Freien Hansestadt Hamburg, der auch die dortige Feuerwehr unterstellt ist, einen speziell ausgebauten und 12 m langen Hochboden-Überlandbus des Typs Mercedes-Benz Integro H in Dienst. Nach den zwei Großraum-Rettungswagen (GRTW) auf Basis der Linienbusse Citaro, war es bereits das dritte Spezialfahrzeug auf Omnibus-Basis aus dem Hause Mercedes-Benz für die Hamburger Feuerwehr, die bundesweit als Vorreiter für den Aufbau so genannter „Task Forces“ gegen chemische und biologische Unglücksfälle oder Anschläge gilt.

Der ELW 3 – stationiert in der Feuerwehrwache Berliner Tor – ist für die Leitung von Großeinsätzen bestens vorbereitet: Die fünf im Funkraum eingerichteten Arbeitsplätze sind mit je einem PC mit Touchscreen-Monitor ausgestattet. Von hier aus erfolgt die Steuerung der gesamten Funk- und Telekommunikationstechnik. Alle Arbeitsplätze verfügen zudem über Kurzzeit-Dokumentationsrekorder. Im dem für 14 Einsatzkräfte ausgelegten Besprechungsraum können über Notebook und Beamer entsprechende Einsatzinformationen auf einer Projektionswand präsentiert werden.

Das nach dem Baukasten-Prinzip entwickelte Fahrzeug garantiert ein Optimum an Flexibilität und Funktionalität und setzt als hochmoderne mobile Befehlsstelle auf Omnibus-Basis neue Maßstäbe. Das gilt auch für die Platzverhältnisse: Ein im Vergleich zu anderen Fahrzeugen um 25 cm erhöhtes Dach ermöglicht der Besatzung des Einsatzleitwagens in jedem Bereich des Innenraums aufrechtes Stehen (2,1 m Stehhöhe).

Die komplette Technik sowie eine feuerwehrtechnische Grundausstattung auf stabilen Auszügen sind in den Staufächern des Integro untergebracht. Auf der linken Fahrzeugseite befinden sich Stromerzeuger und Trenntransformator, Zusatzbatterie, Ladegerät, Sicherungen, Klima-Kompressor, Druckluft-Kompressor, Stromerzeuger über Nebenantrieb, Zentralelektrik und Fahrzeug-Batterien. Die Schubfächer mit der feuerwehrtechnischen Beladung sowie die Nachrichtentechnik, Stromversorgung, Funkanlage, PC-Technik, Patchfeld (CAN-Bus-Vernetzung von Bordelektronik und Kommunikations-Einrichtungen) und USV (Notstromversorgung) sind von der rechten Fahrzeugseite aus zugänglich.

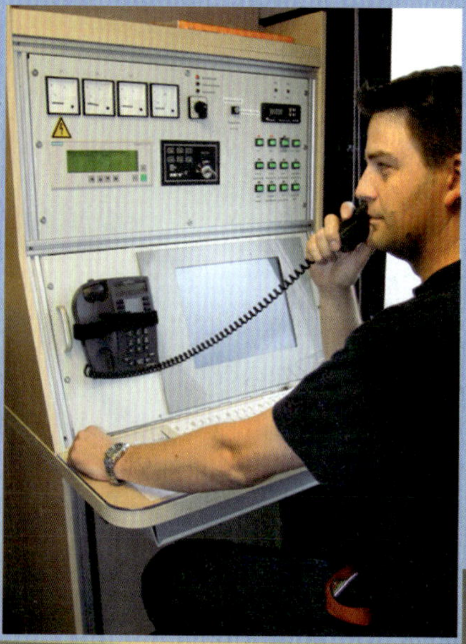

Feuerwehr Spezial – Kommandowagen (KdoW)

Ein Kommandowagen ist ein genormter Pkw für die Beförderung von Führungspersonal bei kleineren Einsätzen. Seine Sonderbeladung setzt sich aus Funkgeräten, Atemschutz, Suchscheinwerfer, Kartenmaterial und Winkerkellen zusammen. Das verwendete Basisfahrzeug verbleibt technisch im Serienzustand. Bei vielen kleineren Ortsfeuerwehren ist der Kommandowagen zugleich das Dienstfahrzeug des Brandmeisters vom Dienst, das dieser rund um die Uhr mit sich führt, um bei einem Einsatz jederzeit direkt vor Ort die Einsatzleitung übernehmen zu können.

Während bis in die 1980er Jahre hinein Kommandowagen zumeist auf vergleichsweise einfachen Pkw-Modellen wie dem VW Käfer basierten, erkannten bald auch die Anbieter höherklassiger Fahrzeuge, wie wichtig dieser Markt für den Imagegewinn und die Markenpräsenz des eigenen Unternehmens sein kann. Folglich wandten sich fast alle namhaften Automobilhersteller der Entwicklung und Ausstattung von seriennahen Führungsfahrzeugen zu.

VW 1200A KdoW

Zu den klassischen Einsatzleit- und Kommandowagen gehören seit Jahrzehnten die Fahrzeuge von Volkswagen. Seit seiner Indienststellung 1974 ist dieser VW 1200A der Freiwilligen Feuerwehr Rheinberg bis heute ununterbrochen im Dienst des Brandschutzes unterwegs. Der intern als „KdoW 9-10-31“ bezeichnete 34-PS-Käfer kam 1990 an den Niederrhein und wurde davor bereits von der Berufsfeuerwehr Duisburg als Kommandowagen eingesetzt.

1

Smart Fortwo City-Coupé

Für den vorbeugenden Brandschutz, aber auch als Kommandowagen, unterhalten zahlreiche Feuerwehren eine Kleinflotte Smart Fortwo, die damit zu den kleinsten je eingesetzten Feuerwehrwagen in Deutschland zählen. Folgerichtig sind auch sie mit allen Insignien eines „richtigen" Feuerwehrfahrzeugs ausgestattet.

Mercedes-Benz B 200 CDI Einsatzleitwagen (ELW)

Um eine optimale Einsatzfähigkeit zu gewährleisten, verfügt der jupiterrote, 140 PS starke B 200 CDI über das sogenannte Feuerwehrpaket. Zu dieser Sonderausstattung zählen unter anderem Dachbalken mit Drehspiegel, Lautsprecher und Beklebung, ein Mikrofon für Außenlautsprecher sowie ein Feuerlöscher. Das variable Raumkonzept des Compact Sports Tourer aus Stuttgart ermöglicht es, die spezielle Feuerwehrausrüstung optimal zu verstauen. Durch das leichte Herausnehmen von Beifahrersitz und Fondsitzlehnen wächst das maximale Laderaumvolumen auf 2245 l und die Laderaumlänge vergrößert sich auf bis zu 2,95 m.

BMW 5er Limousine (E60) Kommandoeinsatzwagen
Nicht nur im süddeutschen Raum kamen 5er-Modelle der Baureihe E60 (Baujahr 2003 bis 2010) bei Feuerwehren zum Einsatz. Die Verwendung klassischer Limousinen als Einsatzfahrzeuge spielt bei BMW allerdings nur noch eine Außenseiterrolle. Die deutlich praktischeren Touring-Modelle des bayrischen Premiumherstellers haben sich inzwischen durchgesetzt. Eine Entwicklung, die übrigens auch bei anderen Herstellern beobachtet werden kann.

BMW 5er Touring (F11) Kommandoeinsatzwagen
Seit Jahrzehnten sind die Mittelklassefahrzeuge aus München eine feste Größe im Fuhrpark von Feuerwehr und Polizei, stehen sie doch seit jeher im Ruf, ebenso sportlich wie praktisch zu sein. Auf Basis der Baureihe F11 zeigte BMW im Jahr 2013 einen 5er Touring Kommandoeinsatzwagen für Feuerwehreinheiten. Wie bei solchen Einsatzfahrzeugen üblich, erfolgt die Konzeption in enger Abstimmung mit den Spezialisten der jeweiligen Behörden oder Institutionen.

Opel Adam „First Responder"

Als Denkanstoß für eine schnelle Erstversorgung ist dieser Opel Adam „First Responder" gedacht. Die Opel Special Vehicles GmbH präsentierte die Studie des wendigen Cityflitzers auf der europäischen Leitmesse für Rettung und Mobilität (RETTmobil) in Fulda im Jahr 2013. Neben zwei LED-Frontblitzern verfügt der Feuerwehr-ADAM über einen elektronischen Alarm-Zug-Drehschalter (eAZD) im Innenraum sowie ein portables Tetra-Funkgerät mit Halterung an der Mittelkonsole. Im Heck sorgt ein spezieller Einbau der Firma Bösenberg dafür, dass Notfallrucksack, Defibrillator, Feuerlöscher und Feuerwehrhelm auch bei schneller Fahrt zum Einsatzort sicher verstaut sind.

Opel-Insignia Country Tourer Kommandowagen

Mit ihrem auf der RETTmobil 2014 gezeigten Insignia Country Tourer Kommandowagen stellten die Rüsselsheimer Autobauer einen ebenso formschönen wie praktischen Ableger ihrer Mittelklasse-Baureihe für den Feuerwehreinsatz auf die Räder, der an die lange Tradition der im Brandschutz eingesetzten Opel-Modelle anknüpfen soll.

Der Innenraum wartet unter anderem mit einer 230-Volt-Elektroanlage, Motorweiterlauf-Sicherheitsschaltung, der Vorrüstung für Analog- und Digitalfunk sowie einem Unfall-Datenspeicher auf.

Auch der gemeinsam mit dem Opel-Insignia Kommandowagen präsentierte Notarztwagen auf derselben Basis begeistert mit seinem frischen Design und seiner hohen Funktionalität.

Kapitel 5
Flugfeldlöschfahrzeuge

Die in Deutschland nicht genormten Flugfeldlöschfahrzeuge (FLF) sind aufgrund ihrer Größe und enormen Leistungsfähigkeit die Stars unter den Feuerwehrfahrzeugen. Das Hauptaufgabengebiet dieser als Sonderlöschfahrzeuge deklarierten Löschgiganten ist die Brandbekämpfung auf Flughäfen. Hierfür sind sie mit mehreren Löschmonitoren unterschiedlicher Wurfleistung, einem Löschmittelvorrat von bis zu 20.000 l sowie speziellen Bodensprühdüsen für den Selbstschutz ausgerüstet. Fahrzeuge der neuesten Generation verfügen zudem über einen Teleskoplöscharm (High Reach Extendable Turret System, kurz HRET-System genannt), der mit seiner speziell gehärteten Löschlanze die Flugzeugaußenhaut durchdringen und so den Brand von innen löschen kann. Charakteristisch für FLF auf Sonderfahrgestellen sind ihre für Lkw enorme Höchstgeschwindigkeit von über 140 km/h sowie ihr gutes Beschleunigungsvermögen. Ermöglicht wird

dies durch extrem leistungsfähige Fahrmotoren ab 1000 PS aufwärts. Da bei der Konstruktion eines FLF nicht sein Einsatz auf öffentlichen Straßen berücksichtigt werden muss, finden als Trägerfahrzeuge zumeist geländegängige Militärfahrgestelle oder Schwerlastfahrgestelle mit mehr als 40 t Gesamtgewicht und einer Fahrzeugbreite von über 3 m Verwendung. Alternativ kommen jedoch auch FLF auf Basis handelsüblicher Löschgruppenfahrzeuge zum Einsatz, die für den Flugfeldlöschdienst entsprechend aufgerüstet worden sind. Bei Großflughäfen werden diese konventionellen FLF fakultativ mit den FLF auf Sonderfahrgestellen eingesetzt; bei kleineren Flugplätzen reichen sie in der Regel als alleinige Einsatzfahrzeuge aus. Die Beladung eines FLF ist wegen seines großen Löschmittelvorrats sehr eingeschränkt und umfasst im Regelfall lediglich einige Leitern, hydraulische Rettungsgeräte und Leuchtmittel.

Zeitgenössisches Magirus-Werbefoto aus dem Jahr 1957: Die auf dem Flugplatz von Carrasco/Uruguay entstandene Aufnahme zeigt die beiden damals neu in Dienst gestellten FLF 25 S mit Staffelkabine neben einem nicht näher beschriebenen TLF mit Truppführerhaus. Trägerfahrzeug ist bei beiden Ausführungen ein Magirus-Deutz F Mercur 125 mit Geländefahrwerk.

Magirus-Deutz S 7500 Jupiter FLF 25 S mit Magirus-Aufbau

Der 1957 für den Flughafen Carrasco in Uruguay gebaute Sattelzug gehörte seinerzeit zu den größten Flugfeldlöschfahrzeugen der Welt. Mit seiner beeindruckenden Löschmittelbeladung von 8000 l Wasser, 800 l Schaummittel und 960 kg Kohlensäure war er nicht nur eines der ersten Großtanklöschfahrzeuge überhaupt, sondern auch Ideengeber für spätere Airport-Spezialfahrzeuge.

Magirus-Deutz F Mercur 125 A FLF 25 mit Magirus-Aufbau

Bis zur Verbreitung der Großtankflugfeldlöschfahrzeuge waren die Flughafenfeuerwehren auf modifizierte Voraus- und Zubringerlöschfahrzeuge angewiesen. 1957 stellte die Flughafenfeuerwehr Nürnberg dieses FLF 25 von Magirus in Dienst, das für drei Mann Besatzung und einen Löschmittelvorrat von 2800 l Wasser ausgelegt war. Die Dienstzeit des in seinen letzten Einsatzjahren mit Schaummitteln bestückten Fahrzeugs endete im Jahr 1990.

Mercedes-Benz LAF 1113 B S-TLF 16 mit Bachert/Total-Aufbau

1974 lieferte Bachert dieses S-TLF 16 an den Flughafen Hof-Pirk. Das für viele Jahre einzige Flugfeldlöschfahrzeug der Firma Bachert war auf einem LAF 1113 B mit Standardführerhaus aufgebaut. Seine Beladung bestand aus einer 1000-kg-Pulverlöschanlage von Total, einem 2000-l-Wassertank und einem 500-l-Schaummitteltank. Neben einem Wasser-/Schaummonitor und einem Pulverwerfer, war eine Feuerlöschkreiselpumpe FP 16/8 verbaut.

Mercedes-Benz 1124 FLF 2 mit Rosenbauer-Aufbau

Um ein Flugfeldlöschfahrzeug konventioneller Bauart handelt es sich bei diesem im Jahr 1993 auf einem Mercedes-Benz 1124-Allradfahrwerk aufgebauten FLF 2 der Flughafenwache Dortmund. Das von Rosenbauer gelieferte Schnellangriffsfahrzeug bevorratet 3500 l Wasser, 300 l Schaummittel und 60 kg Kohlenstoffdioxid. Eine auf der Staffelkabine montierte fernsteuerbare Rosenbauer-Wasser-/Schaumwerferanlage erlaubt eine Distanzlöschung mit einer Wurfweite von bis zu 40 m.

IVECO-Magirus Eurofire 140 E 28 Impact FLF 6000 mit Magirus-Aufbau

Deutlich kleiner als ein Magirus Dragon, ist die mit 4x4- und 6x6-Fahrgestell lieferbare Modellreihe Impact vorrangig für kleinere Flughäfen bestimmt. Die Abbildung zeigt das Flugfeldlöschfahrzeug des City Airports Mannheim, das mit einem Ladevolumen von 5600 l Wasser, 650 l Schaummittel, 250 kg Löschpulver und 90 kg CO_2 trotz seiner kompakten Abmessungen bestens für den Erstangriff gerüstet ist.

VIGILI DEL FUOCO
POSEIDON x 6
BAI

BAI Poseidon X6 FLF

Auf Basis des MAN 27.603 DFAEG-Fahrgestells fertigt der italienische Feuerwehrspezialist BAI das Flugfeldlöschfahrzeug Poseidon, von dem allein die italienische Regierung insgesamt 56 Exemplare für den Dienst auf den staatlichen Flughäfen geordert hat. Das Anfang der 2000er Jahre entwickelte FLF befördert in seiner Grundausführung 9300 l Wasser und 1200 l Schaum. Als Antriebsleistung stehen 600 PS zur Verfügung. Eine Indienststellung in Deutschland ist bislang nicht bekannt.

IVECO-Magirus Dragon X6 FLF

Mit dem Dragon X6 wagte Magirus 1998 den Einstieg in die Königsklasse der Flughafenlöschfahrzeuge. Die im italienischen Brescia gebaute Modellreihe entwickelte sich schnell zu einer ernstzunehmenden Konkurrenz für die bereits am Markt befindlichen FLF-Hersteller, so dass die „Löschdrachen" heute bei Flughafenfeuerwehren in aller Welt im Einsatz sind.

IVECO-Magirus Super Dragon X8 FLF

Im Jahr 2008 erweiterte Magirus sein Airport-Programm um das Modell Super Dragon X8, für das analog zum X6 fast ausschließlich konzerneigene Fahrzeugtechnik verbaut wurde. So besteht das eigenentwickelte Fahrgestell aus zwei durchgehenden Längsträgern, die mittels mehrerer Quer-Traversen miteinander verbunden sind. Der Rahmen ist stabil ausgeführt und zusätzlich im Heckbereich versteift, um störende Belastungen im Bereich der Achsen und Radaufhängungen zu vermeiden. Der Aufbau entstand in Aluminium-Kunststoff-Verbundbauweise. Ein IVECO V8-Motor mit 1024 PS sorgt für den Vortrieb, während ein 400 PS starker IVECO Curser-Motor die Pumpenanlage antreibt. An Löschmitteln befinden sich 12.000 l Wasser, 1400 l Schaummittel und 600 kg Pulver im „Bauch des Drachens".

Magirus SUPERDRAGON X8

Der Magirus SUPERDRAGON X8 ist die neueste Generation dieser erfolgreichen Modellreihe. Der mit einem zulässigen Gesamtgewicht von 52 t wahre Nutzlastriese kann je nach Anforderung mit zwei Radständen (4,05 m und 5,05 m) bestellt werden. Als Basis fungiert ein Iveco Magirus IM 52x8-Fahrgestell, in dem zwei im Heck installierte zusammen 1120 PS starke Iveco-Triebwerke für den nötigen Vortrieb sorgen: In knapp 25 Sekunden beschleunigt das Fahrzeug auf 80 km/h, die Höchstgeschwindigkeit liegt bei mindestens 135 km/h, abhängig von Ausstattung und tatsächlichem Gesamtgewicht. Als Werkstoffe für Fahrerhaus und Aufbau dienen Aluminium und glasfaserverstärkte Kunststoffe. Die aus GFK gefertigten Löschmitteltanks bevorraten 17.000 l Wasser und 2100 l Schaum, ergänzt durch bis zu 500 kg Trockenpulver.

Seit 2010 ist ein solches Fahrzeug am Hong Kong International Airport im Einsatz.

IVECO MAGIRUS
IVECO MAGIRUS

Rosenbauer Panther 8x8 GFLF

Das auf einem „kampferprobten“ MAN-VFAEG-Fahrgestell aufgebaute Großtankflugfeldlöschfahrzeug Panther 8x8 von Rosenbauer ist das wohl bekannteste für den Flugfeldeinsatz entwickelte Feuerwehrfahrzeug. An flüssigen Löschmitteln werden 13.500 l Wasser und 1500 l Schaummittel mitgeführt. Zusätzlich ist eine Pulverlöschanlage mit 2 x 250 kg sowie eine Selbstschutzeinrichtung vorhanden. Die feuerwehrtechnische Ausrüstung des von einem 1000 PS starken V12-Mittelmotor angetriebenen GfK-Boliden ist mit der eines HLF vergleichbar.

Rosenbauer Panther 8x8 GFLF

Auch vergleichsweise kleine Flughäfen setzen seit Jahren auf die Innovation und Leistungsfähigkeit des von Rosenbauer gebauten Panther. Das hier gezeigte Fahrzeug ist Teil einer zwei Panther umfassenden GFLF-Flotte der Flughafenfeuerwehr Dortmund, die mit einer elektronisch fernsteuerbaren Wasser-/Schaumwerferanlage Rosenbauer RM60E mit einer Wurfweite von 42 m sowie einer Pulverlöschanlage mit 2 x 250 kg ausgestattet sind. An flüssigen Löschmitteln werden 13.500 l Wasser und 1500 l Schaummittel mitgeführt.

Rosenbauer Panther 6x6 GFLF

In mittlerweile 81 Ländern sorgt der Rosenbauer Panther für mehr Sicherheit auf den Flughäfen. Das aktuelle Modell, das wiederum als Zwei-, Drei- und Vierachser angeboten wird, besticht neben seinem futuristischen Design vor allem durch seine modulare Bauweise, die variable Motorleistungen von 500 bis 1260 PS sowie Löschmittelmengen von 6000 bis 19.000 l ermöglicht.

Rosenbauer Panther 8x8 GFLF

Mit einer maximalen Ausstoßrate von 10.000 l pro Minute gehört der Panther zu den leistungsstärksten Löschfahrzeugen auf dem Weltmarkt. Möglich macht dies ein eigener Pumpenantrieb, der unabhängig von den Fahrmotoren eine ununterbrochene volle Pumpenleistung garantiert.

1
DUBAI INTERNATIONAL AIRPORT

Rosenbauer Simba 8x8-HRET GFLF

Zur Bewältigung der mit dem Bau der neuen Landebahn und der Einführung des Airbus A380 gestiegenen Löschanforderungen, beschaffte der Frankfurter Airport insgesamt acht neue Simba-Flugfeldlöschfahrzeuge mit Straßenzulassung, um diese auch im Austausch mit dem Flughafen Hahn einsetzen zu können. Die von zwei 600-PS-Liebherr-Motoren befeuerten Löschgiganten sind speziell für den A380 mit einem 14 m hohen HRET-Löscharm ausgestattet, der wie die gesamte Löschanlage von einem separaten Deutz-Dieselaggregat angetrieben wird. An Löschmitteln werden 12.500 l Wasser, 1500 l Schaummittel und 500 kg Pulver mitgeführt. Als Höchstgeschwindigkeit erreicht das Gefährt 140 km/h.

Lentner Avenger FLF 6x6

Mit dem Avenger (rechts im Bild) betrat 2007 auch der bayerische Aufbauhersteller Lentner den Markt für Flugfeldlöschfahrzeuge. Die in drei unterschiedlichen Ausführungen (4x4, 6x6 und 8x8) lieferbare Modellreihe weist eine dem Modellnamen entsprechend martialische Optik auf und ist in Leistungsstufen von 700 bis 1300 PS erhältlich. Als Antriebsaggregate kommen CAT-Motoren zum Einsatz. In der Topversion können 12.000 l Wasser und 1500 l Schaummittel gebunkert werden, die wahlweise über einen Dach- oder einen Frontmonitor mit einer Kapazität von 6000 l bzw. 1000 l pro Minute abgegeben werden können.

MAN 28.603 DFAEX 6x6 FLF 60/85-11+250 P mit Ziegler-Aufbau

Auf den Funknamen „Crash 2" hört dieses von der Flughafenfeuerwehr Split in Kroatien eingesetzte Flugfeldlöschfahrzeug konventioneller Bauart, das von Ziegler auf einem MAN DFAEX-Fahrgestell aufgebaut wurde. Die Ziffernfolge 60/85-11+250 P hinter dem Kürzel FLF gibt übrigens Aufschluss über die Löschleistung und das an Bord befindliche Löschmittel: Nennförderleistung der Pumpe in Hektoliter/Löschwasservolumen in Hektoliter – Schaummittel in Hektoliter + Masse des Löschpulvers in kg.

Ziegler Z8 FLF 60/110-25

Durch die Verwendung eines modularen Aufbaus können Ausstattung und Löschmittelkapazität des Z8 seit jeher individuell an die Anforderungen des jeweiligen Bestellers angepasst werden. So orderte allein die Flughafenfeuerwehr Wien (Abbildung zeigt das 1997 beschaffte FLF 60 110-20) drei in der Löschmittelbeladung völlig unterschiedlich dimensionierte Z8 der ersten Generation, die sich im Einsatz perfekt ergänzen.

Ziegler Z8 FLF 80/125-15+1000P

Auf Grund der überaus positiven Erfahrungen mit den 2002 in Dienst gestellten beiden ersten Z8, beschaffte der Flughafen Stuttgart im Jahr 2003 mit dem hier gezeigten Z8 FLF 80/125 ein drittes Flugfeldlöschfahrzeug aus dem Hause Ziegler. Abweichend gegenüber den beiden ersten Fahrzeugen erhielt die Neuanschaffung Löschmonitore auf dem Dach sowie eine leistungsfähigere 8000-l-Feuerlöschpumpe. Der Dachmonitor verfügt über eine Wurfleistung von 6000 bzw. 3000 l pro Minute und ist mit einem Kombinationsrohr mit Deflektor ausgestattet. Der Kombinations-Frontwerfer mit Hohlstrahldüse erlaubt wahlweise die Abgabe von bis zu 2200 l Löschschaum pro Minute bzw. den Ausstoß von 9 kg Löschpulver pro Sekunde. Ferner erhielt das FLF 80/125 eine elektronisch gesteuerte Schaumzumischung, die von zwei bordeigenen Durchflussmengenmessgeräten überwacht wird.

Ziegler Z8 FLF 100/125-15

Um einen Z8 der neuesten Generation handelt es sich bei diesem mit optionalem Löscharm ausgerüsteten FLF 100/15-15. Das Fahrzeug ist mit einer FPN 10-10000-1 A ausgestattet, die einen Erstangriff mit 10.000 l/min ermöglicht. An Löschmitteln werden 12.500 l Wasser und 1500 l Schaum mitgeführt. Der Z8 FLF 100 ist das Topmodell der Baureihe, die aus insgesamt sieben unterschiedlichen Modellen mit drei und vier Achsen besteht. Fahrgestell des hier gezeigten Fahrzeugs aus dem Jahr 2007 ist ein MAN SX 43.100/X36 mit 1000 PS Leistung.

Ziegler Z8 FLF 100/125-15+500P

Als Ersatz für die zwei Flughafenlöschfahrzeuge vom Typ Rosenbauer Panther erhielt der Flughafen Hamburg im Jahre 2008 zwei Ziegler Z8 FLF. Das mit innovativer Technik reichlich bestückte Sonderfahrzeug entstand auf einem MAN-Fahrgestell SX 43.1000 / X36 mit 8x8 Allradantrieb. Das ebenfalls aus dem Hause MAN stammende V12-Triebwerk mit 1000 PS Leistung und einem Drehmoment von 3500 Nm sorgt für eine Höchstgeschwindigkeit von 138 km/h des bis zu 43 Tonnen schweren Gefährts.

Technische Besonderheit des 12 m langen, 3 m breitem und knapp 4 m hohen FLF ist der auf dem Dach installierte 20 m lange teleskopierbare Löscharm, dessen Dornspitze (Fognail) mühelos durch die Außenhaut eines Flugzeuges eindringen kann und das Löschmittel durch Hohlstrahldüsen in das Innere der Flugzeugkabine leitet. Die Löschmittelabgabe beträgt dabei bis zu 4500 l/min.

Ziegler „Z8 XXL" FLF 100/125-8+500P

Das erste Exemplar von insgesamt sechs Fahrzeugen der Baureihe FLF „Z8 XXL" wurde pünktlich zur Eröffnung der neuen Nordwest-Landebahn des Frankfurter Flughafens am 21. Oktober 2011 in Dienst gestellt. Angetrieben wird das 49 Tonnen schwere Kraftpaket durch zwei V8-Dieselmotoren mit einer Gesamtleistung von insgesamt 1400 PS. Mit diesem Antrieb in Kombination mit zwei 7-Gang-Vollautomatikgetrieben beschleunigt das einzelbereifte 8x8-Titan-Fahrgestell in nur 21 Sekunden auf 80 km/h und erreicht ein Höchstgeschwindigkeit von 140 km/h.

Die über einen separaten 480 PS starken Motor angetriebene Feuerlöschkreiselpumpe erreicht eine Nennleistung von 10.000 l/min bei 10 bar. Der 12.500 l fassende Löschwasserbehälter versorgt nicht nur den Löschgelenkarm und den Frontwerfer, sondern auch die Selbstschutzanlage, die bei Bodenbränden – beispielsweise durch auslaufendes Kerosin – zum Schutz von Fahrzeug und Besatzung eingesetzt wird. Ein Schaummitteltank mit 800 l Fassungsvermögen und eine 500 Kilogramm fassende Pulverlöschanlage vervollständigen das Löschmittelarsenal.

Mercedes-Benz Zetros 2733 A FLF mit Rosenbauer-Aufbau

Auf der IAA 2012 zeigten Mercedes-Benz und Rosenbauer dieses extrem geländegängige Flugfeldlöschfahrzeug auf dem Fahrgestell eines Zetros 2733 A. Das für eine bessere Anpassung an die Bodenbeschaffenheit mit einer Reifendruckregelanlage ausgerüstete Spezialfahrzeug verfügt über eine Motorleistung von 326 PS. An Löschmitteln werden 6100 l Wasser, 750 l Schaum und 250 kg Pulver mitgeführt. Die Förderpumpe hat eine Leistung von 4000 l/min und versorgt einen Dachmonitor mit 2500 l/min sowie einen Frontmonitor mit 1500 l/min. Zudem ist eine Schnellangriffseinrichtung vorhanden.

FEUERWAC
2733

FEUERLÖSCHBOOT 1
FEUERWEHR DU

Feuerwehr Spezial – Feuerlöschboot

Für Lösch- und Hilfeleistungseinsätze auf Flüssen, Kanälen und in Häfen unterhalten die Feuerwehren mit „Gewässeranschluss“ eine Vielzahl unterschiedlicher Boote. Zu den größten in Deutschland eingesetzten Exemplaren gehört das hier gezeigte Feuerlöschboot 1 der Berufsfeuerwehr Duisburg. Das 1973 von der Schiffswerft Mainz-Mombach gebaute 31,19 m lange und ca. 20 km/h schnelle Wasserfahrzeug wird von zwei 350 PS starken Dieselmotoren angetrieben und ist für die aktive Brandbekämpfung mit je zwei Löschmonitoren und Schnellangriffseinrichtungen ausgerüstet. Die Löschwasserversorgung übernehmen zwei Kreiselpumpen mit einer Förderleistung von 6000 l/min. Während das Löschwasser direkt aus dem Einsatzgewässer entnommen wird, befindet sich für den Einsatz von Schaummitteln ein 20.000 l fassender Tank an Bord. Ein 5-t-Kran auf dem Vorderdeck erlaubt leichte Bergungsarbeiten und das Aussetzen der mitgeführten Hilfsgeräte. Eingesetzt wird das Boot von der Feuerwache 8 am Vinckekanal im Duisburger Hafen. Insgesamt 26 fest installierte Mittelschaumrohre dienen zum Ausbringen eines Schaumteppichs auf der Wasseroberfläche. Zur Eigensicherung ist zudem eine Selbstschutzeinrichtung vorhanden. Die hilfetechnische Beladung an Bord ist äußerst umfangreich und reicht von drei Tauchpumpen mit je 6000 l/min Förderleistung über einen 150 PS starken Stromgenerator bis zum Ölabsauger (Ölskimmer). Alle Aggregate können im Einsatzfall von der vier Mann starken Besatzung gleichzeitig betrieben werden.

Glossar

Abrollbehälter (AB)

Abrollbehälter sind mobile Lastbrücken, die auf speziellen Wechselladerfahrzeugen verlastet werden. Je nach Art und Umfang des Einsatzes wird nur der dafür erforderliche Abrollbehälter zur Einsatzstelle verbracht, so dass nicht benötigte Ausrüstung in der Wache zurückbleiben kann. Viele Feuerwehren setzen Wechselladerfahrzeuge mit verschiedenen Abrollbehältern ein, um dadurch Kosten zu sparen, da nicht für jeden Einsatzzweck ein Sonderfahrzeug angeschafft werden muss. Es gibt verschiedene Abrollbehälter, wie z.B. AB-Atemschutz, AB-Schlauch, AB-Schaum, AB-Gefahrgut usw.

Brandwache

Eine Brandwache wird von der Feuerwehr aufgestellt, wenn nach Brandeinsätzen die Gefahr besteht, dass eventuell noch vorhandene Glutnester zum Wiederaufflammen des Feuers führen könnten. Eine Brandwache wird aus einer nicht genau definierten Anzahl von Einsatzkräften und einem geeigneten

Feuerwehrfahrzeug gebildet. Sie ist nicht zu verwechseln mit einer Brandsicherheitswache (z.B. beim Osterfeuer) oder der Feuerwache (Standort der Feuerwehr).

C-Schlauch

Feuerwehrschläuche kommen in verschiedenen Größen zum Einsatz. Am häufigsten findet der Druckschlauch der Nenngröße C Verwendung. Dieser verfügt über einen Innendurchmesser von 42 mm oder 52 mm und eine Länge von 15 m oder 30 m. Darüber hinaus gibt es noch den A-Schlauch (110 mm), B-Schlauch (75 mm), D-Schlauch (25 mm) sowie den S-Schlauch mit 28 mm bzw. 30 mm Innendurchmesser.

Druckbegrenzungsventil

Das Druckbegrenzungsventil ist eine wasserführende, nach DIN 14380 genormte Armatur zur Begrenzung des maximalen Drucks in Förderleitungen. Bei höherem als dem eingestellten Druck öffnet sich das Druckbegrenzungsventil automatisch und lässt einen Teil des Wassers abfließen, wodurch der Druck in der Leitung reduziert wird.

Druckschlauch

Die Feuerwehr unterscheidet zwei Arten von Schläuchen: Druckschläuche und Saugschläuche. In Druckschläuchen wird das Wasser unter Druck über Strahlrohre oder Löschmonitore dem Löschvorgang zugeführt. Sie sind aus schwer brennbarem Kunstfasergewebe gefertigt und lassen sich im leeren Zustand flach zusammenlegen und aufrollen. Saugschläuche dienen dagegen der Aufnahme von Wasser (z.B. bei der Wasserentnahme aus Löschteichen, Kellerüberflutung etc.).

Ersteinsatzfahrzeug

Die umfangreiche Beladung zur Brandbekämpfung und Technischen Hilfeleistung moderner Hilfeleistungs- und Löschgruppenfahrzeuge erlaubt den Feuerwehren heute bei kleineren Bränden und Verkehrsunfällen die Alarmierung eines sogenannten Ersteinsatzfahrzeugs als allein operierendes „Arbeitstier“. Während früher grundsätzlich der gesamte Löschzug ungeachtet des tatsächlichen Schadenfalles ausrückte, erlaubt der Einsatz eines Ersteinsatzfahrzeugs eine deutlich flexiblere Anpassung an die jeweilige Einsatzsituation und bedeutet damit einen Gewinn an Sicherheit für parallel eingehende Notrufe.

Feuerlöschkreiselpumpe

Eine Feuerlöschkreiselpumpe ist eine speziell für den Feuerwehreinsatz entwickelte Kreiselpumpe, die einen hohen Förderstrom und einen hohen Ausgangsdruck gewährleistet. Die Pumpe kann in oder an einem Fahrzeug fest montiert sein oder in Verbindung mit einem eigenen Antrieb als Tragkraftspritze eingesetzt werden. Die Pumpen wurden bisher nach ihrer Nennleistung benannt. Die Bezeichnung „FP 8/8“ bedeutete beispielsweise, dass die Pumpe 800 l pro Minute bei 8 bar Ausgangsdruck liefert. Gemäß der neu in Kraft getretenen EU-Normierung werden die Pumpen heute z.B. als FPN 10/1000 katalogisiert, was für „Feuerlöschkreiselpumpe Normaldruck mit 10 bar Ausgangsdruck und 1000 l/min Förderleistung“ steht. Da Feuerlöschkreiselpumpen bauartbedingt nicht selbstansaugend sind, benötigen sie eine Entlüftungseinrichtung.

Feuerpatsche

Bei der Feuerpatsche handelt es sich um fächerförmig angeordnete Stahlblechstreifen an einem langen Stiel, die zur Bekämpfung von Wald- und Flächenbränden (Moor, Heide) eingesetzt wird. Das Feuer oder die Glutnester werden mit der Feuerpatsche ausgeschlagen.

Hydraulische Winde

Eine hydraulische Winde ist ein Gerät zum Heben und Ziehen von Lasten. Die Last wird auf die Anhebeklaue aufgesetzt. Durch manuelles Betätigen des Pumpenhebels wird die Last angehoben bzw. gezogen. Mit Hilfe des Handrades am Ablassventil kann die Last wieder abgelassen werden.

Impulslöschverfahren

Bei der Verwendung des Impulsfeuerlöschverfahrens wird das Wasser nicht als Strahl auf das Feuer ausgebracht, sondern mit Hilfe von zugemischter Druckluft als feiner Wassernebel versprüht. Vorteile sind der geringere Wasserverbrauch und die deutlich größere Kühlwirkung.

Löschmonitor

Als Löschmonitor bezeichnet man tragbare oder am Fahrzeug fest montierte große Strahlrohre zur Abgabe von Wasser oder Löschschaum. Die gängigsten Monitore verfügen über eine Wurfweite von 30 m bis 60 m und sind für eine Durchflussmenge von 1000 l/min bis 4000 l/min ausgelegt. Deutlich leistungsfähigere Löschmonitore werden in Löschbooten, Flugfeldlöschfahrzeugen oder Sonderlöschfahrzeugen von Werkfeuerwehren eingesetzt. Hier kann die Durchflussmenge bis 30.000 l/min betragen. Löschmonitore kommen immer dann zum Einsatz, wenn Brände aus größeren Distanzen gelöscht werden müssen.

Rettungskorb
Ein Rettungskorb ist ein nach oben offenes Rahmengestell, das an der Spitze des Leitersatzes einer Drehleiter montiert wird. Türähnliche Klappen erlauben einen Einstieg von der Seite. Rettungskörbe dienen vorrangig zur Rettung von in Notlagen befindlichen Personen und Tieren. Darüber hinaus werden sie auch als Arbeitsplattformen für anderweitige Hilfeleistungseinsätze sowie bei der Brandbekämpfung verwendet. Einige Rettungskörbe verfügen über einen festmontierten Wasserwerfer. Die durchschnittliche Traglast beträgt zwischen 250 kg und 450 kg.

Schlauchhaspel
Eine Schlauchhaspel ist eine Konstruktion zum schnellen Verlegen und Aufwickeln von Schläuchen ähnlich einer Kabeltrommel. Bei der Feuerwehr gibt es sowohl tragbare Schlauchhaspeln für C-Schläuche als auch fahrbare Ausführungen für die größeren B-Schläuche. Eine sogenannte C-Haspel ist im Regelfall mit fünf C-Schläuchen verlastet, was einer Schlauchlänge von 75 m entspricht. B-Haspeln sind normalerweise mit acht B-Schläuchen bestückt, was eine Gesamtlänge von 160 m ergibt. Aufgrund ihres hohen Gewichts und ihrer Sperrigkeit, werden beide Haspeltypen inzwischen vielerorts durch Schlauchkörbe ersetzt.

Schnellangriffseinrichtung
Die Schnellangriffseinrichtung ist Bestandteil der meisten Löschfahrzeuge mit eigener Wasserversorgung und besteht aus einem im Fahrzeug fest verbauten Löschwassertank, einer Feuerlöschkreiselpumpe und einem direkt an die Pumpe angeschlossenen, formstabilen Druckschlauch mit Strahlrohr. Der Schlauch ist auf einer Haspel im Fahrzeugheck aufgewickelt. Die manuell oder elektrisch zu bedienende Haspel kann zum Schutz gegen unbeabsichtigtes Abrollen mit einer pneumatischen Bremse ausgestattet sein. Die Länge des verwendeten Schlauchs variiert zwischen 20 m und 90 m. Haupteinsatzgebiet der Schnellangriffseinrichtung sind kleinere Löscheinsätze wie Motor- oder Mülleimerbrände. Für Großfeuer und Innenbrände ist die Schnellangriffseinrichtung dagegen nicht geeignet.

Selbstschutzanlage
Als Selbstschutzanlage wird eine am Löschfahrzeug fest installierte Löscheinrichtung für den Eigenschutz bezeichnet, die aus mehreren rundum am Fahrzeugboden verteilten Wasseraustrittsdüsen besteht. Mit Hilfe eines Wassernebels kann das Übergreifen der Flammen auf das Fahrzeug verhindert werden. Bei modernen Ausführungen sind Austrittsdüsen zusätzlich auch im Dachbereich verbaut.

Tragkraftspritze (TS)
Eine Tragkraftspritze ist eine Feuerlöschkreiselpumpe mit eigenem Antrieb, die auf einem schlittenartigen Rahmen montiert ist. Dieser wird meist von vier Feuerwehrleuten getragen. Dadurch ist sie sehr flexibel einsetzbar und kann auch dort verwendet werden, wo der Einsatz eines Löschfahrzeugs nicht möglich ist. Tragkraftspritzen gehören zur Beladung der meisten Löschfahrzeuge. Gemäß der EU-konformen Neudeklaration wird sie inzwischen offiziell als „PFPN“ (Portable Feuerlöschkreiselpumpe Normaldruck) bezeichnet.

Zumischer
Als Zumischer wird eine Armatur für die Erzeugung von Löschschaum bezeichnet. Der Zumischer saugt das Schaummittel an und vermischt es in einem zuvor festgelegten Verhältnis mit dem Löschwasser. Dabei ist es sehr wichtig, das richtige Mischungsverhältnis zu finden, da der Löschschaum nicht nur stabil, sondern auch ausreichend fließfähig sein muss.

Quellenverzeichnis

Cimoloino/Zawadke/Kögler:
Einsatzfahrzeuge für Feuerwehr und Rettungsdienst, Landsberg 2006

Georg Stefan Hagemann:
Mercedes-Benz Werksfeuerwehren in Europa, Stuttgart 2013

Jörg Hajt:
Feuerwehrfahrzeuge im Ruhrgebiet, Brilon 2007

Feuerwehrverein BFF Essen e.V.:
110 Jahre Berufsfeuerwehr Essen, Essen 2004

Wolfgang Jendsch:
Typenkompass Rosenbauer, Stuttgart 2010

Mathias Röcke:
Das große Buch der Feuerwehren, Königswinter 2007

Gerhard Siem:
Spezialfahrzeuge, Giganten und Sonderkonstruktionen, Königswinter 2011

Prospekt- und Informationsmaterial der Fahrzeughersteller

Fotonachweis

Archiv HEEL Verlag (Seite 41 Mitte)

BMW AG (Seite 5, 218)

Bronto Skylift (Seite 18 oben, 22 oben, 148 oben, 155 oben, 156, 162, 163)

CNH Industrial (Seite 232)

Daimler AG (Seite 8, 12, 13, 14, 15, 16, 17, 19, 24 unten, 25, 27, 28, 29 oben, 30 unten, 35 unten, 44, 94 oben, 95, 106, 107, 109 unten, 110, 111, 116, 135, 153, 155 unten, 158, 184, 206, 212, 213, 217, 246, 247)

EMPL Fahrzeugwerk (Seite 23 oben und unten, 24 oben, 91 unten, 93, 103, 104 oben, 105 unten, 106 oben, 108, 112 unten, 114, 177, 178, 180, 201, 204, 209, 250)

FRAPORT (Seite 240)

GM Corp. (Seite 92, 219)

Jörg Hajt (Seite 12 oben, 35 oben, 63, 67, 68, 70, 76, 80, 81, 84, 85 oben und unten, 86, 87 oben, 99, 101, 126, 131, 140, 142, 143, 144, 147, 148 unten, 149, 150, 152, 154, 157, 165, 175, 183, 185, 187, 188, 199, 200, 202, 203, 205, 211, 215, 216, 217 unten links, 226, 236, 248)

Innenministerium Sachsen-Anhalt (Seite 160)

Iveco Magirus (Seite 222, 223, 227, 230, 231)

Lentner (Seite 87 unten, 94 unten, 102, 104, 105 oben, 109 oben, 176, 181, 186 oben, 186 unten, 240)

MAN (Seite 18 unten, 19 oben, 27, 38, 41 unten, 88, 90, 96, 97, 160, 228)

Udo Paulitz (Seite 10, 22 unten, 26, 32 oben links, 42, 43, 45 – 62, 64, 66, 67, 69, 71 – 75, 77, 78, 118 – 134, 136 – 139, 168 – 174, 189 – 198, 224, 225)

Rosenbauer (Seite 20, 32 oben rechts und unten, 33, 34, 113, 179, 208, 232, 237, 238)

Jürgen Schlegelmilch (Seite 40 unten, 41 oben und Mitte, 82, 83)

Ziegler (Seite 37, 38, 207, 220, 241, 242, 243, 244, 245, 250)

Wir danken allen Herstellern für die freundliche Unterstützung.

BRANDHEISSE PREISE

Die schönsten Dampfloks

Informativ und brillant illustriert führt der neueste Band aus der Erfolgsreihe in die faszinierende Welt der Dampflokomotiven und zeigt vom Schnellzugrenner bis zur Schmalspurlok die ganze Technikvielfalt einer 200-jährigen Entwicklungsgeschichte.

ca. 256 Seiten, ca. 400 größtenteils farbige Bilder, ca. 222 x 275 mm, gebunden

ISBN: 978-3-95843-154-6

€ (D) 9,99

Erscheint ca. Oktober 2015

Das große Buch der Flugzeugtypen

256 Seiten, ca. 700 farbige Abbildungen, 222 x 275 mm, gebunden

ISBN: 978-3-86852-709-4

€ (D) 9,99

Spezialfahrzeuge

256 Seiten, ca. 300 zumeist farbige Abbildungen, 222 x 275 mm, gebunden

ISBN: 978-3-86852-381- 2

€ (D) 9,95

Traktoren

256 Seiten, 431 farbige Abbildungen, 222 x 275 mm, gebunden

ISBN: 978-3-86852-280-8

€ (D) 9,95

Motorräder

256 Seiten, ca. 700 farbige Abbildungen, 222 x 275 mm, gebunden

ISBN: 978-3-86852-704-9

€ (D) 9,99

Unser komplettes Programm finden Sie im Buchhandel oder unter www.heel-verlag.de

Porsche 911

256 Seiten, 40 s/w- und 423 farbige Abbildungen, 222 x 275 mm, gebunden
ISBN: 978-3-86852-806-0
€ (D) 9,99

Volkswagen Käfer

256 Seiten, ca. 700 farbige und s/w-Abbildungen, 250 x 232 mm, gebunden
ISBN: 978-3-86852-694-3
€ (D) 9,99

Straßenkreuzer

256 Seiten, ca. 400 farbige Bilder, 222 x 275 mm, gebunden
ISBN: 978-3-86852-900-5
€ (D) 9,99

Harley-Davidson

256 Seiten, ca. 400 größtenteils farbige Bilder, 222 x 275 mm, gebunden
ISBN: 978-3-86852-945-6
€ (D) 9,99

Die Lieblingsautos der Deutschen

256 Seiten, 275 farbige und 7 s/w-Abbildungen, 222 x 275 mm, gebunden
ISBN: 978-3-86852-292-1
€ (D) 9,95

Deutsche Autos

256 Seiten, ca. 500 größtenteils farbige Abbildungen, 222 x 275 mm, gebunden
ISBN: 978-3-86852-177-1
€ (D) 9,95

Unser komplettes Programm finden Sie im Buchhandel oder unter www.heel-verlag.de

MERCEDES
BENZ